U0352888

板带轧制力能
与形状参数建模

刘元铭　著

（彩图资源）

北　京

冶金工业出版社

2025

内 容 提 要

本书主要介绍了采用能量法对板带热轧、冷轧和变厚度轧制过程中轧制力能和形状参数进行建模，对主要公式做出了详细的推导，并利用现场生产数据、轧制实验、有限元模拟等手段验证了模型精度，基于构建的模型阐明了不同工艺参数对轧制力能和形状参数的影响机理，为优化轧制成型过程工艺参数提供理论基础和技术支撑。

本书可供从事轧制技术工作的现场技术人员、科研人员，高等院校的教师及机械工程与材料相关专业的研究生和本科生参考，也可供从事轧制过程数学模型开发工作的博士生、硕士生参考。

图书在版编目（CIP）数据

板带轧制力能与形状参数建模／刘元铭著. -- 北京：冶金工业出版社，2025. 2. -- ISBN 978-7-5240-0094-5

Ⅰ. TG335.5

中国国家版本馆 CIP 数据核字第 2025MW8100 号

板带轧制力能与形状参数建模

出版发行	冶金工业出版社		电　话	(010)64027926
地　址	北京市东城区嵩祝院北巷 39 号		邮　编	100009
网　址	www. mip1953. com		电子信箱	service@ mip1953. com

责任编辑　李泓璇　美术编辑　吕欣童　版式设计　郑小利
责任校对　梅雨晴　责任印制　范天娇

三河市双峰印刷装订有限公司印刷
2025 年 2 月第 1 版，2025 年 2 月第 1 次印刷
710mm×1000mm　1/16；10.5 印张；202 千字；157 页
定价 69.00 元

投稿电话　(010)64027932　投稿信箱　tougao@ cnmip. com. cn
营销中心电话　(010)64044283
冶金工业出版社天猫旗舰店　yjgycbs. tmall. com
（本书如有印装质量问题，本社营销中心负责退换）

前　　言

　　轧制的智能化是实现钢铁产业转型升级和高质量发展的重要途径。轧制数学模型是实现轧制智能化的基础，精准的工艺参数预测数学模型是获得高质量板带产品的重要保障。本书以提高板带轧制生产中轧制力能和形状参数模型的预测精度为目的，采用能量法建立了板带热轧、冷轧和变厚度轧制过程中轧制力能和形状参数的计算模型，阐明了不同工艺参数对轧制力能和形状参数的影响机理，进而优化轧制过程参数。

　　全书共分为6章，第1章主要介绍了板带轧制力能和形状参数模型的研究背景及进展，第2章~第6章阐述了采用能量法分别建立的板带热轧、冷轧和变厚度轧制过程中轧制力能和形状参数计算模型。其中，第2章分析了板坯粗轧立轧的变形特点，建立了平面变形的正弦函数狗骨模型和三维变形的三次曲线狗骨模型，开发了基于流函数的速度场，得出轧制力和狗骨形状参数的计算模型；第3章利用能量法和矩形板坯平轧过程得到粗轧轧制力和轧后自然宽展计算模型，开发了一种结合有限元和BP神经网络的狗骨形状平轧回展模型；第4章提出了符合精轧过程中变形区金属运动条件的指数速度场，考虑轧辊弹性压扁对轧制力的影响，基于能量法得到总功率泛函、轧制力矩和轧制力的解析模型；第5章根据广义胡克定律并且考虑前后张力对变形区尺寸的影响，得到了精确的弹性区轧制力模型，建立了符合冷轧塑性区变形运动许可条件的速度场，考虑前后张力和轧辊压扁对轧制力的影响，迭代得到了冷轧总轧制力的解析模型；第6章通过分析变厚度轧制时工作辊运动的特点，建立了变形时的速度场，利用能量法得到增厚轧制和减薄轧制过程中轧制力和板带形状的计算模型。

本书的出版得到国家自然科学基金（52375367、51904206），中国博士后科学基金（2020M670705），国家重点研发计划（2021YFB3401000），山西省科技重大专项（20181102015）等和山西省高等学校青年学术带头人基金的资助，在此表示感谢。感谢东北大学轧制技术及连轧自动化国家重点实验室和太原理工大学机械工程学院研究团队的大力支持。感谢在本书出版过程提供帮助和支持的相关单位和个人。

由于作者水平所限，书中不妥之处，恳请有关专家、学者和广大读者批评指正。

刘元铭

2024 年 5 月

目　　录

1 绪 论

1.1 概 述

据世界钢铁协会统计，2023 年全球钢铁粗钢产量为 18.92 亿吨，中国钢铁粗钢产量为 10.19 亿吨，继续蝉联世界第一。钢铁材料对于现代社会如同骨骼对于人类的身体，是支撑国民经济的脊梁。钢铁产品中的板带材外形扁平、宽厚比大、单位面积大，可以经过任意的剪裁、弯曲、焊接等工艺制成各种构件，已广泛应用在建筑、家电、汽车、机械、造船和航空航天等行业。工业发达国家的板带材产量占钢铁总产量的 60% 左右，我国通过品种结构的优化升级，板带材产量所占钢铁总产量的比例已经提高到 45% 以上，板带材产品的质量成为衡量一个国家钢铁行业发展水平的重要标志之一[1-3]。

板带轧制自动化控制系统是复杂工业过程控制最具代表性的系统，也是冶金企业计算机控制程度最高的系统。以高精度的控制水平为基础，企业能够保持稳定生产，不断提高产品质量，降低成本，提升综合竞争力[4]。提高板带轧制自动化控制系统精度的关键技术是建立和应用高精度的数学模型。精确的数学模型对于优化板带轧制生产工艺，改进板带轧机系统性能，节能减排，进一步提高板带材产品质量具有重要意义。其中，建立轧制力模型是控制轧机生产精度的关键，它的计算精度直接影响到轧机的压下量和辊缝等工艺参数的设定，进而决定板坯的厚度精度和板形质量。

获取轧制过程参数或数学模型的研究方法主要有三种：物理模拟法、有限元模拟和理论解析法。物理模拟法是较为古老的方法，其实验结果直观，但实验结果与实际值之间是否一致，很大程度依赖模拟材料和模拟过程与实际轧制过程的相似度。物理模拟法费用相对较高，模拟工作量大，模拟结果通用性较差[5]。随着计算机技术的发展，有限元模拟可以较为容易地得到轧制过程各个时刻和各个位置处的应力、应变、位移和温度等详细数据，使人们对变形过程有更深入、全面的理解，并且能适用于复杂的几何形状，是一种有广阔发展前景的技术。但是若要应用有限元模拟获得与实际轧制过程相近的结果，应尽可能减少建模时对原型的简化处理，但这样会导致计算时间长，数据存储大，且计算结果的准确性有待进一步验证。此外，有限元模拟的硬件和软件费用非常高，与物理模拟法类似，其模拟的结果通用性较差，得到离散的结果也难以表示不同轧制参数对轧制结果的一般影响规律，即使将离散结果连成折线也不能用统一的解析式表达为连续曲线。相比于前两种方法，反映不同变量之间变化规律的理论解析法，是问题得到解决的另一方案。可是受数学求解等方面的限制，该方法很难得到问题的解析解，一般需要先对轧制过程做出合理的简化，然后给出轧制工艺参数对形状参数和力能参数影响的解析表达式。理论解析法的计算结果可描绘成光滑连续的曲线，能检验和改进数值解的精度。从理论发展的角度来看，数值解是手段，解析解才是目的。所以说数值解不能替代理论研究，需要通过解析解深刻理解和把握材料成型过程的本质和深层规律[6]。以上三种方法在实际应用中应根据研究内容合理使用。

在可持续发展战略和"碳达峰、碳中和"目标深入人心的新形势下，材料成型研究者努力的方向是既要保证材料的成型质量高，又要保证材料节能环保。随着轧钢生产技术的飞速发展，对应用轧制理论提高板带轧制过程控制模型的预测精度提出了新的要求。传统的工程法和滑移线法已显得力不从心，能量法成为提高力能参数和形状参数计算精度和优化成型过程的重要工具。能量法是从轧制的本质出发去了解、分析和解决轧制过程中各参数之间的关系，有着物理模拟法和有限元模拟无法取代的理论价值和实际应用价值[7]。采用能量法得到的板带轧制过程中轧制力和形状模型更接近现场实际值，并且可以直接得到各个变量之间的关系，得到的解析解形式简单。明确轧制过程各个变量对目标优化的变形机理和变化规律，在此基础上开发适用于现场的过程控制程序并应用于实际生产，对于轧制自动化控制系统发展和产品质量提高具有重要意义。

1.2 轧制力和形状数学模型的解析方法

轧制过程轧制力和形状数学模型的研究是运用塑性理论求解轧件轧制过程中的问题。塑性理论的发展始于 19 世纪中后期，Tresca 首次提出了最大切应力屈服准则，Saint-Venant 提出了应力应变速率方程，Levy 提出了应力应变增量关系。20 世纪初期，Mises 从纯数学的角度提出了 Mises 屈服准则，Hencky 和 Prandtl 证明了平面变形滑移线的几何性质，Reuss 提出了考虑弹性变形的应力应变关系，至此塑性理论形成了较为完整的基础内容。20 世纪中期以后，在工业生产的驱动下，工程法、滑移线法和能量法等利用塑性理论求解塑性成型问题的各种方法陆续问世，塑性成型力学逐渐形成并不断地得到充实[8]。

轧制成型要得到应力与应变的真实解必须具备如下条件：在整个轧件内部必须满足静力平衡方程、几何方程、协调方程与体积不变条件；轧件材料必须满足物理方程包括塑性条件与本构方程（应力应变关系方程）；边界处必须满足位移（或速度）边界条件和应力边界条件[9]。满足这些条件的方程为包括 15 个未知数的高阶偏微分方程,此外,实际轧制过程中边界条件复杂,求出满足以上条件的真实解相当困难,目前只能针对某些特殊情况的问题进行求解。

材料成型计算的方法主要包括工程法、滑移线法、能量法、有限元法和人工神经网络法等[9]。本节主要介绍工程法、滑移线法和能量法 3 种理论解析方法。

1.2.1 工程法

工程法被称为轧制理论发展的第一个里程碑。1925 年,Karman[10] 根据力平衡条件建立了轧制时的力平衡微分方程,首次分析了变形区的应力分布。之后研究者们在 Karman 微分方程的基础上,根据不同的轧制变形区接触弧方程、轧件与轧辊之间的摩擦情况等假设条件,推导出适用不同轧制情况的轧制力模型,如 Tselikov 模型[11]、Freshwater 模型[12]、Ekelund 模型和 Siebel 模型[13] 等。1943 年,Orowan[14] 根据力平衡条件得到单位压力的微分方程。后来 Sims[15]、Bland 和 Ford[16] 在 Orowan 微分方程的基础上推导出不同轧制类型的轧制力模型。

直到 20 世纪 60 年代,工程法仍是材料成型计算主要的解析方法。此方法一般是在变形体内部取一切块为单元体,假设单元体内的正应力在某方向均匀分布,剪应力在某方向线性分布,对单元体联立力平衡方程及屈服准则得到工件接触面上的应力分布方程,所以工程法又称为切块法。假设材料为理想刚塑性体,并在建立塑性条件时假设单元表面的正应力为主应力,此时工程法又称为主应力法。在所取单元体内假设正应力均匀分布即取平均应力,工程法又可称为平均应力法。工程法较简单,如参数处理得当,其计算结果与实际结果之间误差常在工程允许范围内,但此种方法主要解决二维或准二维问题,计算时对变形区几何形状的简化方法会影响最终计算结果的准确性,并且在一定意义上,工程法确定的变形力属于下界变形力[9]。

1.2.2 滑移线法

20 世纪 20 年代初,继工程法之后 Hencky 提出了分析理想刚塑性材料的滑移线法,之后经 Prandtl、Geiringer 和 Hill 等学者加以完善[17],用于研究塑性成型问题。1953 年,Alexander[18] 给出热轧时的滑移线场解,首次将滑移线法应用到轧制过程的求解。滑移线法是采用精确平衡方程与塑性条件推导出 Hencky 应力方程,并按照几何性质与边界条件绘制出变形区内的滑移线场,借助滑移线场与速端图,分析变形区内不同位置的应力与流动情况的一种方法。滑移线法可以有效地解析平面变形问题,但一般只能求解力能参数,对轴对称问题及边界形状复杂的三维问题还需要进一步深入分析。此外,随着计算机的应用,可以基于滑移线场矩阵算子法求解一些复杂的变形,但也是建立在定性已知滑移线的基础上,这个过程非常复杂。

1.2.3 能量法

能量法被称为轧制理论发展的第二个里程碑，它使加工过程的求解精度大幅度提高，满足了 20 世纪 60 年代以后轧制行业的连续化、大型化和现代化的需求，成为提高力能参数与形状参数计算精度和优化成型过程的重要工具。能量法是应用变形模型，利用相应数学手段计算变形体中、接触面和边界处的能量泛函，进而得到变形所需的力，通过求解泛函最小值来确定模型中的待定参数，所以这种方法的核心是求解泛函的变分问题，因此也被称为变分法。能量法理论最早是 1936 年由 Gvozdevt 提出，但是受到数学上积分求解的限制，发展一直缓慢。20 世纪 40 年代末与 50 年代初，Markov 与 Hill 等从数学塑性理论角度，以完整的形式证明了可变形连续介质力学的极值原理，其中上界及下界定理可以求出金属成型过程的成型参数。Kobayashi[19]、Hill[20]、Lahoti[21] 和 Kazunori[22] 等分别基于能量理论对不同轧制过程做了研究，20 世纪 70 年代，能量法解析材料成型实际问题的应用已居主导地位。基于能量法理论，先后出现了下界法、上界法、流函数法、上界元法、条元法和刚塑性有限元法等塑性加工过程的具体解析方法，下面对这几种方法进行简要介绍。

下界法的思想是对工件变形区建立一个满足静力平衡方程、不破坏屈服条件和应力边界条件的静力许可条件的应力场。根据下界定理可知，下界法确定的载荷总是小于或等于实际所需要的真实载荷。但是除了在一些特定条件下，通常建立符合条件的应力场都是不容易的，因此下界法很少使用。

上界法的思想是对工件的变形区设定一个满足速度边界条件、体积不变条件和几何方程的运动许可条件的速度场。该运动许可的速度场未必满足力平衡方程和应力边界条件。用上界法建立解析式时要设定含有待定参数的运动许可速度场，根据能量最小原理确定参数和最适宜的速度场。根据上界定理可知上界法确定的载荷总是大于或等于实际所需要的真实载荷。上界法设定满足运动许可的速度场相比下界法满足静力许可的应力场简单而且更直观，且上界解比下界解更有意义，可以用于实际生产设定和校核。另外，上界解不仅可以求出塑性加工时的变形功和变形力，还可以确定工件的外形和变形过程等。

解析轧制变形问题时通常假定轧件是不可压缩的，即满足体积不变条件，应变速率场 $\dot{\varepsilon}_x + \dot{\varepsilon}_y + \dot{\varepsilon}_z = 0$。所以轧制变形问题是一个无源场，或者称为管形场，而流函数恰好满足这个条件。流函数法可以选择工具面为流面函数，更容易构建满足边界条件的速度场。利用调和性质的流函数，基于体积不变条件，可以明显减少可变参量的个数，从而有利于进行泛函最小化。流函数速度场一般采用映射，将复杂的变形区转换成直线组成的复平面域，从而简化求解过程。

上界元法是工藤提出来的，在处理复杂成型问题时，把变形区分割成具有简单运动许可速度场的几个单元环，各个单元环之间以剪切面相连，在工件总体速度场满足运动许可条件和边界条件下，对各单元联立求解，以求出速度场和变形功率泛函。

刚塑性有限元法的解法体系是建立在能量理论的基础上，利用数学最优化理论得出节点速度为变量的总功率泛函函数的最优解，即得到了泛函取最小值时的各个节点的速度场，之后利用塑性力学关系得出变形区的应力场、速度场等力能和变形参数。

利用能量法得到的力能参数和形状参数的上下限与实际测量值的偏差通常在10%~15%，满足工程应用许可要求。此外，能量法在计算上简单方便，因而目前在工艺分析计算中已得到广泛的应用[23]。特别是上界法得出的结果略大于真实载荷，正符合设备选择与模具设计的安全要求以及现场模型设定。此外，可以通过物理模拟法或滑移线法等方法启发得到上界法中的运动许可速度场。本书主要采用上界法连续速度场分析板带轧制过程，其解析流程如图1-1所示。首先设定含有待定参数 ξ 的满足所分析的轧制问题边界条件的运动许可速度场 $v_i^*(\xi)$ 和应变速率场 $\varepsilon_i^*(\xi)$，其次根据轧制变形特点，计算变形区的内部塑性变形功率、摩擦功率、剪切功率、张力功率泛函，从而得到包含待定参数的总功率泛函 J^*；对总功率泛函求极值，令其一阶导数为零，从而得到了包含待定参数的方程组，

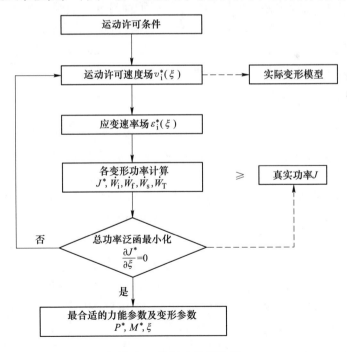

图1-1 能量法解析流程

通常情况下方程组中方程的个数与待定参数的个数相同，因而可从中解出全部待定参数，得到满足变分原理的速度场和功率泛函的最小值 $J^*_{\min}$，最后利用塑性力学的基本关系式求出合适的形状参数和力能参数。

1.3 屈服准则简介

描述不同应力状态下变形体内某点由弹性变形进入塑性变形状态，并使塑性变形状态持续进行所必须遵守的力学条件称为屈服准则，也称屈服条件或塑性条件。屈服准则的数学表达式为[24]

$$f(\sigma_{ij}) = C \tag{1-1}$$

式中，$f(\sigma_{ij})$ 是变形体应力分量的函数；C 是与材料在给定的变形条件下的力学性能有关而与应力状态无关的常数，可以通过实验求得。

采用能量法求解金属变形过程中的总功率泛函时，其中内部塑性变形功率泛函的求解依赖构成此项泛函的屈服条件，但是由于 Mises 屈服准则的非线性造成了内部塑性变形功率泛函的被积函数非线性，因此很难得到该项泛函积分的解析解。若从物理关系入手，使非线性的 Mises 屈服准则线性化，使基于第一变分原理构造的内部塑性变形功率泛函是线性可积函数，得到此项泛函对工件整体积分的解析解，则上述的问题可以得到解决[25]。下面将介绍经典的 Tresca 屈服准则和 Mises 屈服准则，以及双剪应力（TSS）屈服准则、平均屈服（MY）屈服准则、几何中线（GM）屈服准则、等面积（EA）屈服准则、等周长（EP）屈服准则、几何逼近（GA）线性屈服准则。

1.3.1 最大切应力准则

Tresca 于 1864 年根据一系列金属冲压和挤压实验后的金属表面上出现的许多细小痕纹（痕纹的方向与最大剪应力的方向很接近）提出了如下假设：当变形体内部某点处的最大剪切应力达到某一临界值时，该点的材料发生屈服，这个临界值仅与材料在变形条件下的性质有关，而与所处的应力状态无关[26]。最大切应力准则又称为 Tresca 屈服准则。Tresca 屈服准则及其比塑性功率为

$$\sigma_1 - \sigma_3 = \sigma_s \tag{1-2}$$

$$D(\dot{\varepsilon}_{ij}) = \sigma_s \left| \dot{\varepsilon}_i \right|_{\max} \tag{1-3}$$

式中，σ_1、σ_2、σ_3 分别为最大主应力、中间主应力、最小主应力、设 $\sigma_1 \geqslant \sigma_2 \geqslant \sigma_3$，MPa；$\sigma_s$ 为材料的屈服应力，MPa；$D(\dot{\varepsilon}_{ij})$ 为单位体积塑性变形功率，W/m^3；$\dot{\varepsilon}_i$ 为主应变速率分量，$1/s$。

实际上，Tresca 屈服曲面是一个以等倾线为轴线的无限长正六棱柱面，π 平面为与其轴线正交的截面。该正六棱柱面与 π 平面的交线如图 1-2 所示。Tresca

屈服准则在 π 平面上的屈服轨迹为正六边形。

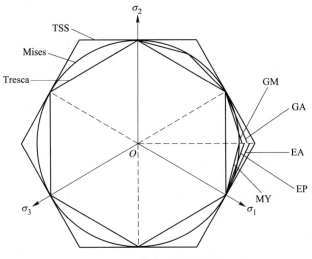

图 1-2 π 平面上的屈服轨迹

Tresca 屈服准则为线性公式，其计算方便，得到了广泛的应用。但 Tresca 屈服准则的不足之处是只考虑了 3 个主应力 σ_1、σ_2 和 σ_3 中 σ_1 和 σ_3 的影响，未考虑 σ_2 对材料屈服影响，因而会带来一定的偏差。

1.3.2 弹性应变能准则

德国力学家 Mises 于 1913 年提出弹性应变能准则，该准则又称为 Mises 屈服准则。因为材料屈服是物理现象，只要当变形体内某一点的偏差应力张量二次不变量达到某一值时，材料便由弹性变形过渡到塑性变形。Mises 屈服准则及其比塑性功率为

$$(\sigma_1 - \sigma_2)^2 + (\sigma_2 - \sigma_3)^2 + (\sigma_3 - \sigma_1)^2 = 2\sigma_s^2 \tag{1-4}$$

$$D(\dot{\varepsilon}_{ij}) = \sigma_s \sqrt{\frac{2\dot{\varepsilon}_{ij}\dot{\varepsilon}_{ij}}{3}} \tag{1-5}$$

采用 Mises 屈服准则及其比塑性功率表示的变形体内部塑性变形功率 $\dot{W}_i$ 为

$$\dot{W}_i = \iiint_V D(\dot{\varepsilon}_{ij})\,\mathrm{d}V = \sqrt{\frac{2}{3}}\,\sigma_s \iiint_V \sqrt{\dot{\varepsilon}_{ij}\dot{\varepsilon}_{ij}}\,\mathrm{d}V \tag{1-6}$$

在主应力空间中，式（1-4）的 Mises 屈服曲面表示一个与坐标轴等倾斜的圆柱面，外接于 Tresca 正六边柱面，其与 π 平面的交线如图 1-2 所示。

Hencky 从能量角度阐明了 Mises 屈服准则的物理意义：当变形体的单位体积弹性应变能量达到一定数值时，材料进入塑性变形，该值只和材料在变形条件下

的性质有关，而与变形体所处的应力状态无关[27]。Nadai 对 Mises 屈服准则做了另一个解释，认为当八面体切应力达到某一常数时，材料即开始进入塑性状态[28]。

Mises 当时认为 Tresca 屈服准则是准确的，而自己所提出的屈服准则是近似的。但之后的大量试验证明，对于绝大多数金属材料，Mises 屈服准则的结果更接近试验数据。然而，由于 Mises 屈服准则表达式的非线性使得该屈服准则及其比塑性功率在精确解析塑性力学问题中非常困难，因此其他线性屈服准则陆续出现。

1.3.3　双剪应力屈服准则

Tresca 屈服准则和 Mises 屈服准则是两种应用最广的屈服条件，但它们都有自身的局限性。因此，许多学者都致力于寻找和建立一个既方便计算，又包含中间应力的屈服准则。俞茂宏首先建立双剪应力（TSS）屈服准则[29]，将主应力代数值按大小排列，只要质点处两个主剪应力满足以下关系时材料就发生屈服[30]。

$$\tau_{13} + \tau_{12} = \sigma_1 - \frac{1}{2}(\sigma_2 + \sigma_3) = \sigma_s, \quad \sigma_2 \leqslant \frac{1}{2}(\sigma_1 + \sigma_3)$$
$$\tau_{13} + \tau_{23} = \frac{1}{2}(\sigma_1 + \sigma_2) - \sigma_3 = \sigma_s, \quad \sigma_2 \geqslant \frac{1}{2}(\sigma_1 + \sigma_3)$$
$$(1\text{-}7)$$

TSS 屈服准则在 π 平面上的屈服轨迹为 Mises 圆的外切正六边形，如图 1-2 所示。TSS 屈服准则的比塑性功率[31]为

$$D(\dot{\varepsilon}_{ij}) = \frac{2}{3}\sigma_s(\dot{\varepsilon}_{max} - \dot{\varepsilon}_{min}) \qquad (1\text{-}8)$$

式中，$\dot{\varepsilon}_{max}$ 和 $\dot{\varepsilon}_{min}$ 分别为该点处应变速率的最大值和最小值，$1/s$。

根据 TSS 屈服准则，式（1-6）中变形体内部塑性变形功率 $\dot{W}_i$ 可写为

$$\dot{W}_i = \iiint\limits_V D(\dot{\varepsilon}_{ij})\,\mathrm{d}V = \frac{2}{3}\sigma_s \iiint\limits_V (\dot{\varepsilon}_{max} - \dot{\varepsilon}_{min})\,\mathrm{d}V \qquad (1\text{-}9)$$

式（1-9）中的被积函数线性化，更容易得到内部塑性变形功率的解析解。TSS 屈服准则在解析厚板轧制[32]和锻压[33]等问题中已获得初步应用，有研究表明式（1-9）的计算结果数值高于 Mises 屈服准则的计算结果。

1.3.4　平均屈服（MY）准则

为了使 Mises 屈服准则线性化，将 TSS 屈服准则与 Tresca 屈服准则相加取平均屈服函数来作为新的屈服准则称为平均屈服（MY）准则[34]。MY 准则及其比塑性功率为

$$\sigma_1 - \frac{1}{4}\sigma_2 - \frac{3}{4}\sigma_3 = \sigma_s, \ \sigma_2 \leqslant \frac{1}{2}(\sigma_1 + \sigma_3)$$

$$\frac{3}{4}\sigma_1 + \frac{1}{4}\sigma_2 - \sigma_3 = \sigma_s, \ \sigma_2 \geqslant \frac{1}{2}(\sigma_1 + \sigma_3)$$ (1-10)

$$D(\dot{\varepsilon}_{ij}) = \frac{4}{7}\sigma_s(\dot{\varepsilon}_{max} - \dot{\varepsilon}_{min})$$ (1-11)

MY 准则在 π 平面上的屈服轨迹为与 Mises 圆内等边非等角的内接十二边形，如图 1-2 所示。MY 准则在解析锻压[35]、均布载荷简支圆板的极限载荷[36]、弯管爆破压力[37]和裂纹扩展[38]等问题中已得到应用。

1.3.5 几何中线屈服准则

在图 1-2 中 π 平面上，将 Tresca 屈服准则与 TSS 屈服准则轨迹构成的极限三角形的几何中线作为判断材料屈服的标准，该准则称为几何中线（GM）屈服准则[39]。GM 屈服准则与比塑性功率为

$$\sigma_1 - \frac{2}{7}\sigma_2 - \frac{5}{7}\sigma_3 = \sigma_s, \ \sigma_2 \leqslant \frac{1}{2}(\sigma_1 + \sigma_3)$$

$$\frac{5}{7}\sigma_1 + \frac{2}{7}\sigma_2 - \sigma_3 = \sigma_s, \ \sigma_2 \geqslant \frac{1}{2}(\sigma_1 + \sigma_3)$$ (1-12)

$$D(\dot{\varepsilon}_{ij}) = \frac{7}{12}\sigma_s(\dot{\varepsilon}_{max} - \dot{\varepsilon}_{min})$$ (1-13)

GM 屈服准则在 π 平面上的屈服轨迹为与 Mises 圆相交等边非等角的十二边形，如图 1-2 所示。GM 屈服准则在解析板带轧制[40]、三维板坯锻压[41]、板带拉拔[42]以及无缺陷弯管的塑性极限载荷[43]等问题中已得到应用。

1.3.6 等面积屈服准则

在图 1-2 中 π 平面上，在 Tresca 屈服准则与 TSS 屈服准则轨迹构成的极限三角形内，取与 Mises 屈服轨迹覆盖面积相等并与 Mises 屈服轨迹相交的十二边形轨迹作为屈服判据，可导出轨迹覆盖面积相等的线性屈服准则，该准则称为等面积（EA）屈服准则[44]。EA 屈服准则及其比塑性功率为

$$\sigma_1 - \left(2 - \frac{9}{\sqrt{3}\pi}\right)\sigma_2 - \left(\frac{9}{\sqrt{3}\pi} - 1\right)\sigma_3 = \sigma_s, \ \sigma_2 \leqslant \frac{1}{2}(\sigma_1 + \sigma_3)$$

$$\left(\frac{9}{\sqrt{3}\pi} - 1\right)\sigma_1 + \left(2 - \frac{9}{\sqrt{3}\pi}\right)\sigma_2 - \sigma_3 = \sigma_s, \ \sigma_2 \geqslant \frac{1}{2}(\sigma_1 + \sigma_3)$$ (1-14)

$$D(\dot{\varepsilon}_{ij}) = \frac{\sqrt{3}\pi}{9}\sigma_s(\dot{\varepsilon}_{max} - \dot{\varepsilon}_{min})$$ (1-15)

如图 1-2 所示，在 π 平面上，EA 屈服准则的屈服轨迹为与 Mises 圆相交的等

边非等角十二边形。EA 屈服准则在解析厚板轧制[45]和微裂纹尖端塑性区解析[46]等问题中已得到应用。

1.3.7 等周长屈服准则

在图 1-2 中 π 平面上，在 Tresca 屈服准则与 TSS 屈服准则轨迹构成的极限三角形内，取与 Mises 屈服轨迹周长相等的十二边形轨迹作为屈服判据，可以导出轨迹周长相等的线性屈服准则，该准则称为等周长（EP）屈服准则[47]。EP 屈服准则及其比塑性功率为

$$\sigma_1 - \frac{2\sqrt{3(\pi^2 - 9)}}{9 + \sqrt{3(\pi^2 - 9)}}\sigma_2 - \frac{9 - \sqrt{3(\pi^2 - 9)}}{9 + \sqrt{3(\pi^2 - 9)}}\sigma_3 = \sigma_s, \ \sigma_2 \leqslant \frac{1}{2}(\sigma_1 + \sigma_3)$$

$$\frac{9 - \sqrt{3(\pi^2 - 9)}}{9 + \sqrt{3(\pi^2 - 9)}}\sigma_1 + \frac{2\sqrt{3(\pi^2 - 9)}}{9 + \sqrt{3(\pi^2 - 9)}}\sigma_2 - \sigma_3 = \sigma_s, \ \sigma_2 \geqslant \frac{1}{2}(\sigma_1 + \sigma_3)$$

$$(1\text{-}16)$$

$$D(\dot{\varepsilon}_{ij}) = \frac{9 + \sqrt{3(\pi^2 - 9)}}{18}\sigma_s(\dot{\varepsilon}_{max} - \dot{\varepsilon}_{min}) \tag{1-17}$$

如图 1-2 所示，在 π 平面上，与 Mises 圆相交的等边非等角十二边形为 EP 屈服准则的屈服轨迹。EP 屈服准则在解析均布载荷简支圆板的极限载荷[47]等问题中已得到应用。

1.3.8 几何逼近屈服准则

在图 1-2 中 π 平面上，取与 Mises 屈服轨迹覆盖面积和周长的均方差最小的十二边形轨迹作为屈服判据，可导出几何上最大程度逼近 Mises 圆的线性屈服准则，该准则称为几何逼近（GA）屈服准则[48]。GA 屈服准则及其比塑性功率为

$$\sigma_1 - \frac{62\sqrt{2} - 16}{217}\sigma_2 - \frac{62\sqrt{2} + 133}{217}\sigma_3 = \sigma_s, \ \sigma_2 \leqslant \frac{1}{2}(\sigma_1 + \sigma_3)$$

$$\frac{62\sqrt{2} - 16}{217}\sigma_1 + \frac{62\sqrt{2} + 133}{217}\sigma_2 - \sigma_3 = \sigma_s, \ \sigma_2 \geqslant \frac{1}{2}(\sigma_1 + \sigma_3)$$

$$(1\text{-}18)$$

$$D(\dot{\varepsilon}_{ij}) = \frac{1000}{1683}\sigma_s(\dot{\varepsilon}_{max} - \dot{\varepsilon}_{min}) \tag{1-19}$$

如图 1-2 所示，在 π 平面上，GA 屈服准则的屈服轨迹为与 Mises 圆相交的等边非等角十二边形。GA 屈服准则在解析均布载荷简支圆板的极限载荷[48]问题中已得到应用。

1.4　板带轧制力和形状参数计算模型的研究进展

1.4.1　立轧轧制力和形状参数计算模型

立辊轧制最早源于立辊破鳞机，在 20 世纪 50 年代用于热带钢粗轧机组前立轧调宽。20 世纪 70 年代，越来越多的钢铁企业采用了连铸连轧技术，该技术很大程度上简化了生产工艺，提高了生产效率和产品质量，降低了能耗[49]。为了适应不同客户对带钢产品宽度尺寸的需求，企业需要提供多种尺寸规格的连铸坯，虽然在线连铸调宽技术已经应用，但是在生产中频繁地改变连铸板坯的宽度不仅使连铸生产效率下降，而且使板坯质量降低，宽度差增大。为了改善热轧和连铸的衔接性，提高整个连铸连轧生产线的效率，大多数钢铁企业应用立辊调宽轧机完成宽度的调整和平面形状的控制。此外，经过反复平立交替轧制，打碎了板坯边部位置在连铸过程中形成的柱状晶粒，改善了连铸板坯边部的组织和力学性能[50]，与只经过平轧的板坯相比，其力学的性能得到了明显改善。但是立轧时，板坯的宽厚比很大，变形主要发生在板坯与轧辊接触边部的厚度方向上，并且立轧后板坯宽度截面上呈现明显的两端高、中间低的狗骨形断面[51]。

虽然立辊轧边调宽技术的实际生产经历了很长时间，但对其变形过程的研究和分析却始于 20 世纪 70 年代。近 40 多年来各国科研工作者们进行了大量的有限元模拟和物理仿真实验，对立轧过程中的狗骨形状及产生机理进行了研究。大多工作者是通过有限元模拟来确定狗骨形成过程中板坯变形特点、金属流动规律以及应力应变分布特点等，或者通过等比例缩小现场生产中立辊和板坯的尺寸，在实验室小型轧机上以铅或者塑形泥为板坯材料模拟立辊轧边，再根据实验测得的数据用计算机回归拟合，得到立轧后狗骨形状与板坯尺寸和立辊等工艺参数和设备参数之间的拟合模型，然后将其应用到现场，根据模型预测效果，再对其进行修正。目前热带钢粗轧机组平辊立轧调宽中狗骨形状的研究仍然停留在有限元和物理实验模型的水平上，相关理论研究非常少。下面将介绍立轧轧制力和狗骨形状主要研究方法的进展。

1.4.1.1　物理模拟与现场数据回归法

斋藤好弘等[52]用锻压高件圆柱体时靠近锤头的圆柱体表面产生的双鼓形来模拟立轧过程。由于近似差距太大以及实验得到的数据较少，因此模拟的精确性较低。Okado 等[53]采用纯铅在实验室轧机上模拟立轧，首先提出了用狗骨骨峰高度、与立辊接触处厚度、骨峰位置和狗骨影响区长度 4 个参数来表示立辊轧制后狗骨形状的断面特征，并给出这 4 个参数与侧压量和板坯初始厚度两个因素的经验公式。结合 Shibahara 等[54]得到的数据，Tazoe 等[55]通过物理模拟提出了狗骨骨峰高度与侧压量、板坯初始宽度、板坯厚度和立辊直径之间的经验公式，并得出狗骨影响区长度和骨峰位置与侧压量成正比。随后 Ginzburg 等[56]对该公式进行修正，得到的结果与 Huismann 等[57]在实验轧机上用塑料泥模拟立轧所得的数据一致。

国内对立轧狗骨形状研究起步较晚，杜光梁等[58]根据上海第十钢铁厂的实际生产规程，采用了相似的原理，对现场板坯与立辊尺寸进行了比例为 3：4：1 或者 17：5 的等比例缩放；选用纯铅作为模拟材料，用二辊实验轧机模拟现场中两种典型的规程，分析得出狗骨高度与侧压量和初始宽度近似成指数关系，并根据 217 组实测数据逐步回归，得到了狗骨高度模型表达式。赵刚等[59]通过用铅试样在二辊轧机立轧一道次来分析窄带钢在立轧过程中的变形，得出狗骨高度和狗骨影响区长度与立轧侧压量关系。以宝钢 2050 mm 热轧厂的孔型辊为依据，付江等[60]在实验室轧机上进行模拟比为 10 的物理模拟，用石膏加工成轧辊，白色塑性泥为板坯模拟材料，得到狗骨骨峰位置和狗骨影响区长度与侧压量和孔型侧壁斜角之间的经验公式。1995 年，熊尚武等[61-63]结合本溪钢铁热连轧厂的实际生产条件，用纯铅作为模拟材料，在东北大学实验轧机上做模拟比为 10 的立轧实验，得到了狗骨四参数与板坯初始厚度、侧压量、板坯宽度和立辊直径等因素的经验公式。为提高模型的预测精度，熊尚武等[64]又对模型表达式中的部分拟合系数进行了修正。韩力[65]分析了本钢 1700 mm 热连轧生产线由于立辊宽度控制能力不强导致板材宽度精度低，不能有效控制板坯宽度，并且很难得到理想尺寸精度的问题，在本钢粗轧机组进行现场工业性实验，实测立轧后板坯的形状尺寸，得到狗骨四参数的经验模型公式。张志臣[66]以纯铅为板坯模拟材料在实验室轧机对立轧过程进行实验研究，实验中采用光刻法和腐蚀法在板坯上制作网格，采用伍德合金将组合试件粘接好，利用模拟实验的结果对变形区的形状和变形区内金属的移动规则进行了研究，分析了狗骨形状产生的影响因素，定量确定了内部金属流动速度的变形参数。

1.4.1.2　有限元法

结合 Euler-Lagrange 更新算法的三维弹塑性有限元方法，Huisman 等[67]模拟了两组不同立辊半径对立轧过程及立轧后狗骨形状的影响，并采用塑性泥作为实验材料对有限元模拟进行验证；用质点流动速度场解释了狗骨的形成过程，给出了立轧时应力应变分布，得到的骨峰高度模拟值与实验值吻合良好，并认为大辊径轧辊的减宽效率明显高于小辊径。利用三维黏塑性有限元的罚函数计算方法，David 等[68]分析了摩擦系数对狗骨形成过程的影响，得到的狗骨形状参数计算值和实测值吻合较好，但轧制力结果偏差较大。Chung 等[69]考虑了几何和材料非线性，采用动力松弛法，基于显式动力学方程建立了三维立轧和平轧模型，得到了立轧的狗骨形状参数数据后，将其应用到之后的平轧模型。基于 ABAQUS 有限元软件显式求解器，Forouzan 等[70]建立了立辊轧制的三维弹黏塑性有限元模型，研究了立轧几何形状变化特点和变形规律并与定宽压力机锻压板坯过程进行对比。

1997 年，熊尚武等[71-77]用全三维刚塑性有限元对热轧粗轧立轧和平轧的非稳态轧制过程进行了比较和分析，阐明了轧制过程中金属质点流动特点，分析了狗骨形成的原因，并对比了不同立辊孔型形状参数下的轧制力、轧制力矩以及板坯断面形状。张晓明等[78]利用 Shifted ICCG 法，采用刚黏性有限元对板坯立轧过程进行研究，分析了该算法的迭代次数和变位参数，研究了不同工艺参数对模拟结果的影响。研究结果表明轧制力随着板坯宽度和立辊直径的增加而增大，侧压量的增大导致狗骨高度增加。2003 年，冯桂起[79]、冯宪章等[80]和李学通等[81]根据宝钢 2050 mm 粗轧生产线的实际生产规格，分别采用 MARC 有限元软件建立了板坯立轧模型，得到狗骨形状的分布规律和计算模型。刘慧等[82]采用三维刚塑性有限元显式动力学求解立平轧热力耦合过程，利用 ANSYS 模拟不同立辊孔型的立辊轧边变形，分析孔型对板坯狗骨形状的影响，可以用带孔型的立辊来增加变形渗透程度，使用锥形立辊可显著提高轧制过程中的稳定性。吴建峰[83]用 DEFORM 有限元软件选取宝钢 2050 mm 粗轧机组现场实际参数进行三维热应力耦合轧制模拟，利用模拟后的数据结果，分析、回归了各个轧机机架的狗骨形状参数模型公式。Yuan 等[84]采用刚塑性有限元法模拟板坯立轧过程，分析了轧制力模型预报精度低的原因。根据模拟结果给出了立轧计算变形程度的新方法，并以 Tselikov[11]经验公式为模型结构框架，回归得到适合计算立轧轧制力的应力状态影响系数公式。Ruan 等[85-87]用 DEFORM 软件建立了三维的立平轧刚塑性有限元模型用于模拟厚板热轧，研究了立轧变形区板坯的位移速度场及不同工艺参数立轧后的狗骨形状分布情况。

1.4.1.3 理论研究法

1986 年，Lundberg 等[88-90]假设立轧过程为平面变形，分别建立了考虑摩擦和未考虑摩擦情况下变形区的三角形速度场，得到立轧时金属流动的速端图，从而计算了轧制力矩。利用 Fagersta 不锈钢厂热轧机组的实测数据验证了立轧后板坯形状和轧制力矩的预测值与实测值吻合良好。但 Lundberg 等[88-90]并没有给出狗骨形状的具体求解步骤，并且认为在模型建立和分析过程中摩擦的影响不大，在计算轧制力矩时不再考虑。2012 年，Yun 等[91]在研究平辊立轧时提出了一个由指数函数和四次函数组成的预测狗骨形状的模型，并根据流函数和体积不可压缩条件设定了运动许可的速度场。模型中的一些参数以及轧制力是通过有限元模拟数据拟合得到的。Yun 等[91]将狗骨形状的预测值与 Okado 等[53]的模型和 Shibahara 等[55]物理模拟得到的数据进行对比发现，误差在 5%以内。但是，文章中模型结果的确定主要采用有限元模拟数据拟合得到，回归的轧制力模型和狗骨形状模型与摩擦系数无关[92]。Yun 等[91]提出新模型之后并没有给出变形区功率泛函的具体表达式，因此从一定角度上说，Yun 等[91]并没有得到立轧过程力能和形状参数的理论预测模型。

1.4.2　平轧宽展计算模型

平轧的主要目的是将板坯厚度方向上的压下转化为长度方向上的延伸，但是根据金属流动的最小阻力定律，在很多情况下被压下的金属会产生横向的移动，这种移动称为宽展。下面将介绍平轧宽展数学模型主要研究方法的进展。

1.4.2.1　物理模拟与现场数据回归法

1961 年，Sparling[93]分析和总结了影响宽展的因素：材料的屈服强度包括轧制变形温度、材料种类和变形速度等，变形板坯的几何尺寸包括板坯原始的宽厚比、压下量、板坯宽度与接触变形区长度比等，以及板坯和轧辊之间的摩擦等。Sparling 归纳了 Ekelund、Wusatowski 和 Hill 等提出的宽展经验公式，选取 35 组矩形坯热轧前后的数据，分析了工艺参数对宽展的影响规律，得出新的预测宽展的模型。Chitkara 等[94]分别研究了不同轧辊表面粗糙度、宽厚比和轧制速度下轧制纯铅板坯后的宽展行为，并与 Wusatowski、Hill 和 Sparling 的模型进行对比，得出宽展与板坯几何尺寸比值之间的变化规律。Beese[95]基于工业轧制低碳钢板坯的实验数据，得出了预测最大宽展的模型，随后 Beese[96]又进一步修正了该模型。Sheppard 等[97]轧制了不同工艺参数的铝合金并考虑了温度的影响，根据 400 组轧制数据拟合得到考虑温度变化的宽展模型。Shibahara 等[54]根据纯铅板坯先经过立轧再平轧之后的宽展数据，拟合得到了有狗骨断面形状和无狗骨断面形状来料经过平轧后的宽展预测模型，并在 Kashima 钢铁厂得到应用。杜光梁等[58]利用纯铅板坯模拟立平轧变形情况，在分析狗骨高度的同时分别回归了有狗骨断面和无狗骨断面的宽展模型。Raghunathan 等[98]以铝镁合金为实验材料，对 Sheppard 的模型进行修正，引进 Zener-Hollomon 参数代替温度的影响，得到了最终的宽展模型。孙本荣等[99]在钢铁研究总院实验轧机上利用纯铅板坯模拟了整个粗轧机组调宽轧制过程，分析了宽度压下效率，优化了轧制规程，但没有给出模型。1996 年，熊尚武等[100-102]采用纯铅板坯作为模拟材料，对粗轧机组立轧及平轧时板坯宽度变化规律进行实验研究，分析了宽展变化规律，得出了有狗骨形状和无狗骨形状板坯宽展的经验模型，并通过有限元进行验证，根据经验模型换算建立了现场模型，并将其成功地应用到本钢热连轧厂，取得了较好的应用效果。

1.4.2.2　有限元法

Li 等[103]利用刚塑性有限元的 Lagrangian 算法研究了轧制时宽展瞬态问题。Mori 等[104]建立了平轧的三维刚塑性有限元模型，假设厚度方向的主应变是相同的，得到了粗轧过程中的轧制力和宽展。Liu 等[105]利用弹塑性有限元建立了三维平轧过程，预测了不同板坯宽度和压下率下板坯内部和外部金属的流动情况、流动速度以及各横断面上网格变形和横向宽展，预测的宽展与 Lahoti[106] 等模型吻合良好。Karabin 等[107] 为了研究稳态轧制时金属流动和摩擦因数的影响建立了三维 Euler 有限元轧制模型，利用冷轧实验验证了模型的精度，并得出接触角增加时宽展增加的结论。Mahrenholtz 等[108] 利用 MARC 有限元软件研究了板坯轧制时摩擦和来料几何参数对宽展的影响，得出了宽展随着摩擦或者变形区长度与板坯厚度比值的增加而减小的结果。Sheppard 等[109] 首次用 FORGE 有限元软件模拟板坯热轧平轧宽展，分析了板坯各个几何尺寸对宽展的影响，得出两个宽展模型，其中一个模型考虑了变形温度的影响。李学通等[110] 根据宝钢 2050 mm 粗轧区实际轧制规程，采用刚塑性有限元建立了立平轧过程模型，根据模拟结果分别分析纯狗骨宽展和综合宽展与板坯厚度和宽度之间的规律。李明雷[111] 根据某 1780 mm 钢厂数据，利用 DEFORM 软件建立板坯轧制有限元模型，根据板坯平轧后的变形特点，修正适合该钢厂的 Shibahara[54] 宽展模型，使模型的宽度预报精度得到明显提高。柳翠茹等[112] 采用 MARC 有限元软件根据某宽厚板厂实际数据建立三维热力耦合模型，模拟了 4 种典型板坯尺寸轧制过程发现，板坯自由表面处宽展与摩擦系数呈负相关，对称面处宽展与摩擦系数呈正相关，而平均宽展量与摩擦系数呈负相关。基于该规律 Shibahara[54] 修正了宽展预测模型。

1.4.2.3 理论研究法

1963 年，Hill[20] 提出了解析金属加工的一般方法，概略地说明了轧制时板坯宽展的一种求解思想。Lahoti 等[106] 基于 Hill 提出的方法给出了考虑摩擦影响的轧制后板坯宽展的数值解。1975 年，Kobayashi 等[19] 基于能量法根据 Hill[20] 的思想建立了三维运动许可的速度场，采用 Ritz 法和 Newton-Raphson 法求得轧制三维变形的轧制力与宽展的数值解，但是受到数学积分的限制，并没有得到功率泛函的解析解。Lahoti 等[21] 根据 Hill 提出的速度场，基于第一变分原理给出轧制过程的各个功率泛函，利用计算机得到宽展与轧制力的数值解，并且分别利用实验室冷轧和热轧低碳钢的数据对模型计算结果进行验证。Zaharoff 等[113] 在 Johnson[114] 和 Karabin[107] 等的研究基础上提出了两种预测板带轧制时的横向变形和宽展模型的思想，一种是包含较多限制条件根据刚塑性材料的平衡方程推导出来的渐近线解析模型，另一种是金属侧向流动的有限元模型。Zaharoff 等[113] 通过轧制纯铅和钢来验证这两种模型。此外，文献 [115] 中列出了 Bakhtinov、Gubkin 和 Bachtinow 等各种宽展模型。

1.4.2.4 人工神经网络法

Lee 等[116] 基于 Shibahara[54] 模型建立了预测热轧带钢宽度设定值的人工神经网络模型。Chun 等[117] 建立了 BP 神经网络用以确定热轧展宽轧制时的最优侧压量，并同时预测精轧时轧件的宽度偏差，从而优化热轧带钢出口的板宽形状。周政[118]基于鞍钢 1780 mm 生产线粗轧数据库，建立了基于 BP 神经网络的同层别分组优化和同层别整体优化的粗轧出口宽度预测模型。王爱丽等[119]利用 ANSYS/LS-DYNA 有限元软件对某厂 1580 mm 热连轧粗轧机组的立轧和平轧过程进行了模拟，利用模拟数据分析了板坯厚度、宽度、轧辊直径、压下量和减宽量对自然宽展和狗骨回展的影响规律，并建立了粒子群 BP 神经网络预报第 1、第 3 和第 5 道次的宽展。李文婷[120]根据某热连轧厂的实际生产数据，研究了轧制生产中带钢宽度影响因素，基于神经网络建立了带钢宽度的预报模型。Ruan 等[87]用 DEFORM 有限元软件建立了三维的立平轧刚塑性有限元模型用以模拟厚板热轧，在研究立轧狗骨变形的同时，建立了 ANN 模型用于预测板坯立平轧之后的宽展情况。

1.4.3　精轧轧制力计算模型

热轧精轧过程板坯变形区形状因子大于 1，此时轧件变形已深入到轧件中心，轧件厚度方向的变形均匀，可以忽略外端的影响，所以大部分轧制力的计算公式给出了应力状态影响系数的模型。下面将介绍精轧轧制力主要研究方法的进展。

1.4.3.1　理论研究法

1925 年，Karman[10]首先假设轧件在变形区内沿厚度方向上的各点金属应力、变形与流动速度均匀分布，在接触弧上摩擦系数为常数，忽略宽展和轧辊压扁的影响，变形区中宽度方向上的单位压力相同，且平面变形抗力值不变；然后在变形区内任意取一梯形的微元体，分析所有作用在此微元体上的力，根据力平衡条件，建立力平衡微分方程，同时利用接触弧方程、塑性方程及边界条件得到单位压力的微分方程。1943 年，Orowan[14]采用了 Karman 的大部分假设，用剪应力代替轧件与轧辊的摩擦应力，并考虑水平应力沿断面高向的分布是不均匀的；然后在变形区内任意取一圆环形的微元体，根据力平衡条件得到单位压力的微分方程。1954 年，Sims[15]将轧制看作在粗糙斜锤头间的镦粗，沿着接触弧都有黏着现象，且用抛物线代替接触弧，在 Orowan 微分方程的基础上得到了考虑前后张力适用于热轧的轧制力模型。

1953 年，Alexander[18]假设沿着整个接触弧全黏着，利用图解法得到变形区的应力场和应变场，并给出热轧时严格的滑移线场解。之后 Alexander 等[121]基于上述的滑移线场得到了热轧时的轧制力模型，随后 Gupta 等[122]对模型进行了修正。Collins[123]针对轧件与轧辊接触为滑动摩擦的情况，给出了轧制时的滑移线场和速端图。Crane 等[124]以铝为轧制材料，采用刻线法模拟板坯热轧黏着摩擦时的流动情况，并根据模拟结果验证了滑移线场的分布。Dewhurst 等[125]根据滑移线场采用线性积分和矩阵求解技术给出了理想刚塑性体平面轧制的轧制力，同时给出了热轧时一类滑移线场的计算机数值解[126]。曹鸿德[127]采用滑移线场理论分析了高件轧制时的应力分布问题，并给出不同情况构造滑移线场网格和计算时所需的数据。Sparling[128]给出了厚板在全黏着状态下轧制时的滑移线场和速端图，得到了最终的轧制力和应力状态影响系数。Klarin 等[129]考虑了变形区形状、张力的影响，应用滑移线场和数值计算程序计算了热轧时的轧制力和力矩。李学智[130]采用滑移线场分析初轧时轧件内部应力分布，提出一个绘制变形区内滑移线场和应力分布曲线的计算程序。

1975 年，Kobayashi 等[19]基于能量法，根据 Hill[20]的思想建立了三维运动许可的速度场，得到三维轧制力的数值解，是最早将能量法成功地应用于求解轧制问题的学者。Kazunori 等[22]采用加权平均法建立轧制速度场，但并没有给出最终功率泛函结果的表达式。Sezek 等[131]利用双流函数法建立了热轧和冷轧过程变形区的速度场和应变速率场，采用上界法给出各个功率泛函的表达形式，最后通过Matlab 计算得到轧制力。Zhao 等[132]利用简化的流速度场分析了展宽轧制，并得到了轧制力的解析解。此外，文献［115］中给出了翁科索夫、志田茂和 Ekelund 等热轧轧制力模型。

1.4.3.2　有限元法

Dawson 等[133]将轧件设定为弹黏塑性材料，对轧制过程进行模拟，并分析了变形区某一点处的正应力和切应力。Mori 等[134]建立了二维微可压缩材料的刚塑性有限元模型，用以模拟带钢轧制的稳态过程和非稳态过程，给出了稳态时加工硬化材料和非加工硬化材料的带钢在不同摩擦因数下的应力和应变分布，分析了带钢头尾处的非稳态变形。之后 Mori 等[104]又建立了立轧和平轧的三维刚塑性有限元模型，模拟了带钢的出口形状和轧制力并与铝的轧制实验进行对比。Hwang 等[135]建立了热带钢轧制的二维刚黏塑性有限元模型，采用罚函数法模拟了带钢与轧辊之间的轧制压力和摩擦，分析了摩擦对总轧制力、轧制压力和切向应力分布的影响。随后 Hwang 等[136-138]在以上研究的基础上，利用力热耦合有限元分析了稳态时的热传递，并采用理论解进行验证，最终得到计算带钢速度场和温度场以及轧辊温度场耦合解的迭代算法。Kwak 等[139]采用集成的力热耦合有限元模型（包括带钢的稳态热黏塑性变形和热传递以及工作辊的稳态热传递）在线预测热轧带钢的轧制力和力矩。Byon 等[140]建立了三维 Eulerian 有限元模型，分析了热轧辊缝处刚黏性轧件的变形情况和轧制力变化。为了提高有限元法的计算效率和收敛速度，减少计算时间，Mei 等[141]讨论了 Newton-Raphson 法和 Broyden-Fletcher-Goldfarb-Shanno 拟牛顿法计算方法，结合这两种方法建立刚塑性有限元模型模拟热带钢的轧制过程，提高了计算轧制力的速度。

1.4.3.3　人工神经网络法

为了提高轧制力的计算精度，Lee 等[142]提出了一种长期学习的神经网络模型，但是数据样本的更新是离线的。Yang 等[143]利用有限元模拟采用综合正交方法设计出来的不同轧制规程的热轧过程，以及得到的轧制力和力矩建立了预测热轧力能参数的神经网络模型。Moussaoui 等[144]结合基于 Bayesian 判据训练算法的神经网络和理论模型预测带钢精轧时的轧制力，得到了比经验模型预测精度更高的轧制力值。Shahani 等[145]采用力热耦合的有限元模型对铝合金 AA5083 的热轧过程进行模拟，根据有限元数据建立了预测轧件温度、应力、应变、应变速率和节点位移的 BP 神经网络模型。Rath 等[146]采用 Bhilai 钢厂的数据，以上道次辊缝、本道次辊缝、轧制温度、轧制速度、板坯宽度和道次为输入量，预测了带钢轧制时的轧制力。Bagheripoor 等[147]以压下率、轧制速度、轧制温度和摩擦因数为输入量，隐含层个数为 2，采用 BP 神经网络模型预测热轧时轧制力和力矩，并采用三维力热耦合有限元模拟了一系列不同规程的数据作为神经网络训练集。

1.4.4　冷轧轧制力计算模型

冷轧时轧件几何形状更接近推导理论公式时所做的假设，即宽厚比很大，宽展很小。冷轧板带一般采用较大的前后张力，轧件越薄，张力的作用越大，而张力可以减小轧制力，有利于冷轧的进行。由于冷轧板带较薄较硬，因此轧制力较大，轧辊产生弹性压扁，接触弧长度增加，因此计算轧制力时必须考虑弹性压扁。下面将介绍冷轧轧制力主要研究方法的进展。

1.4.4.1　理论研究法

1948 年，Bland-Ford[16]根据冷轧的变形特点，沿着接触弧的摩擦采用干摩擦定律，塑性方程采用"形状变化位能"学说，在 Orowan[14]微分方程的基础上得到了考虑前后张力及接触弧上入口弹性变形和出口弹性恢复变形的冷轧单位轧制压力模型。然而，Bland-Ford 公式只能通过数值解积分得到总轧制力，过程比较复杂，因此应用时多采用 Hill 的简化公式代替 Bland-Ford 公式[148]。1953 年，Stone[149]将冷轧看作平行板间的镦粗，将接触面摩擦按全滑动处理，得到了考虑前后张力的单位轧制力模型的解。Tselikov[11]假设在接触弧上轧件与轧辊完全滑动并服从库仑摩擦定律，把接触弧简化为弦，在 Karman 微分方程的基础上得到了考虑前后张力且适用于冷轧的单位轧制力模型。Venter 等[150]考虑了轧制变形区的不均匀变形，基于轧制过程压缩理论分析了接触弧塑性变形区的水平应力和垂直应力分布。Freshwater[12]在 Karman 微分方程的基础上通过消除屈服强度的影响项，得到了简化的轧制力模型和预测精度有所提高的轧制力矩模型。Chen 等[151]分析了轧制变形区微单元的受力情况，利用数值积分的思想推导了轧制压应力分布方程，通过对各微单元积分求和建立了轧制力和轧制力矩的计算模型。2010 年，Guo[152-154]认为冷轧时轧制力大，带钢与轧辊的接触弧是非圆形的，并给出了基于 Karman 微分方程的半解析解。此外，文献［115］中给出了 Bryant、

Roberts 和 Ekelund 等冷轧轧制力模型。

Komori[155]基于上界法数值解分析了带钢轧制时压下率、带钢宽厚比和前后张力等工艺参数对前滑、轧制力和力矩的影响。Wang 等[156]将冷轧变形区离散为有限个数的单元，建立各个离散单元的速度场，考虑了切应变的影响，采用能量法得到冷轧时的轧制力，并发现结果与有限元模拟吻合良好。

Firbank 等[157]针对冷轧时带钢与轧辊间为滑动摩擦时建立滑移线场，得到了中性面位置、平均轧制压力、轧制力和力矩的解，并与 Karman 微分方程的计算结果进行了对比。随后 Firbank 等[158]对润滑之后的冷轧建立滑移线场，与之前不同的是，此时的滑移线场不存在速度不连续的面。Marshall[159]给出了光滑圆柱体的轧辊分别轧制光滑的刚塑性轧件与存在摩擦的刚塑性轧件的滑移线场分布，得到了最终的轧制力和轧制力矩。Collins[160]针对冷轧时带钢前后区域的变形情况，将其分为 3 种类型，分别给出各个类型的滑移线场和速端图，并计算出轧制力和力矩。Petryk[161]针对在轧制力非常大情况下会出现的轧制变形问题，给出了不同几何参数和摩擦情况下出口存在弹性区的滑移线场。Oluleke 等[162]给出了润滑后的薄铝板经过四辊可逆轧机轧制两道次的滑移线场分布情况，并采用物理模拟进行验证，最终给出切应力、正应力、变形面积和每道次的轧制力。

1.4.4.2 有限元法

Rao 等[163]将冷轧简化为平面变形，通过弹塑性有限元研究了计算收敛方法、变形区金属的流动和轧辊处轧制压力的分布。Yarita 等[164]建立了二维的弹塑性轧制有限元模型，采用更新的 Lagrange 算法分析轧件与轧辊之间的摩擦，利用非对称刚度矩阵解法得到了轧件的应力和变形情况。Liu 等[165]采用三维弹塑性有限元模拟了宽厚比在 1~3 的矩形坯冷轧过程，分析了轧件与轧辊间正应力和剪切应力的分布情况和变化规律。Lee[166]建立了平板轧制的三维大变形非稳定态的弹塑性有限元模型，研究了轧制力和力矩的变化过程、接触面的主应力和切应力、侧向宽展，以及回弹和变形区的应力分布。1999 年，Xiong 等[167-169]结合刚塑性有限元和边界元法预测了轧制过程中的轧制力矩、轧制力、轧件与轧辊间的压力分布和出口带钢的形状。2001 年，Jiang 等[170]基于 Shifted ICCG 法采用刚黏性有限元对板带轧制过程中的摩擦进行了研究，又利用三维弹塑性有限元模型[171]、微可压缩材料的三维刚塑性有限元模型[172]分析了薄带冷轧过程中摩擦产生的影响、轧制压力分布和弹性恢复区的变化等。Moon 等[173]考虑锤击效应建立了热轧刚黏塑性有限元模型，利用模拟结果拟合出各个力能参数的表达式。Linghu 等[174]利用弹塑性有限元建立了六辊 CVC 轧制过程的三维模型，得到了轧制力的分布以及各个弯辊力对板形的影响。Moazeni 等[175]采用 ABAQUS 显示求解器建立了冷轧带钢三维的有限元模型，分析了轧制力的变化、应力应变分布和带钢的出口形状。

1.4.4.3　人工神经网络法

Cho 等[176]根据现场数据建立了两个神经网络模型用以预测冷轧轧制力，其中一个直接预测轧制力，另一个根据预测传统模型计算轧制力的修正系数，最终得到良好精度的轧制力预测值。Lin[177]采用三维弹塑性有限元模型模拟冷轧过程，根据有限元数据建立了预测带钢轧制力的混合神经网络模型。Gudur 等[178]利用轧制现场和有限元模拟数据，采用径向基函数神经网络模型预测了冷轧时的轧制力和力矩，并利用结果优化神经网络的结构和算法。梁勋国等[179]利用 Levenherg-Marquardt 和前向神经网络训练算法构建网络，使用 Gauss-Newton 数值方法求解 Hessian 矩阵近似解，该方法提高了轧制力预测精度和速度。张清东等[180]利用基于遗传算法的 BP 神经网络与以 Bland-Ford 公式为基础的轧制压力模型，建立轧制压力和变形抗力的修正模型，利用现场数据对模型进行训练，得到计算冷轧轧制力精度较高的遗传神经网络模型。Xie 等[181]采用自适应的学习方法建立混合轧制力数学模型和 BP 神经网络预测冷轧轧制力的模型。薛涛等[182]采用弹塑性有限元对带钢冷轧过程进行模拟，得到压下率、前后张应力、摩擦因数和变形抗力等参数对轧制力的影响，根据有限元模拟结果建立了预报轧制力的 BP 神经网络模型。Vini[183]根据 Mobarakeh 钢铁公司的两机架可逆冷轧机的实际生产数据，以带钢的入口速度、出口速度、带钢宽度和张力为输入量，隐含层个数为 2，采用 BP 神经网络模型预测了轧制力和带钢出口厚度。

1.4.5　变厚度轧制力计算模型

变厚度钢板作为钢铁生产领域中一项轻量化、低成本、节约型板材受到人们的关注。变厚度钢板具有减少焊缝、节材减重、提高效率等优点，在桥梁、造船、建筑、汽车制造等行业得到广泛应用。变厚度钢板的制备方法有多种，近年来，轧制制备变厚度钢板因其成本低、质量好、效率高而表现出强大的生命力。此外，在中厚板生产的 MAS 轧制和冷连轧动态变规格等技术中也涉及变厚度轧制，但是关于变厚度轧制过程中的轧制力数学模型的研究非常少。

以 MAS 纵向变厚度轧制为例，杜平[184]从轧制过程的变形和力学条件出发，推导出变厚度轧制过程咬入条件和接触弧长度，假设单位压力沿接触弧均匀分布，推导出中性角和前滑等轧制参数公式，但在计算轧制力时仍采用 Sims 模型[15]，只是根据每个点的不同压下量，分别计算各个点处的轧制力。丁雷[185]考虑到变厚度轧制时压下量的不同，采用 Tselikov[11]模型计算变形过程中的轧制力。李开拓[186]应用数学模型和将遗传算法与模拟退火算法相结合的 BP 神经网络，建立了预测精度较高的轧制力预测模型。张广基[187]借鉴 Tselikov 求解简单轧制的模型构建思想，对变厚度轧制力平衡微分方程进行了研究，利用工程法获得了增厚轧制和减薄轧制过程单位压力的计算模型。Liu[188]采用有限元模拟了薄区厚度不同时轧制力和前滑的变化。然而关于采用能量法计算增厚轧制和减薄轧制过程中的轧制力研究还未见报道。

参 考 文 献

［1］ 胡正寰，夏巨谌. 金属塑性成形手册［M］. 北京：化学工业出版社，2009：577-579.

［2］ 韩珍堂. 中国钢铁工业竞争力提升战略研究［D］. 北京：中国社会科学院研究生院，2014.

［3］ 世界钢铁协会. 世界钢铁统计数据 2024［EB/OL］.［2024-10-29］. http：//worldsteel. org/zh-hans/data/world-steel-in-fingures-2024/.

［4］ 刘艳. 现代板带轧机数学模型的研究与应用［D］. 北京：北京科技大学，2016.

［5］ 任运来. 大型锻件内部缺陷修复条件和修复方法研究［D］. 秦皇岛：燕山大学，2003.

［6］ 赵德文. 连续体成形力数学解法［M］. 沈阳：东北大学出版社，2003：1-15.

［7］ Avitzur B. Metal forming：Processes and analysis［M］. New York：Marcel Dekker, 1968：49-78.

［8］ 俞汉清，陈金德. 金属塑性成形原理［M］. 北京：机械工业出版社，1999：89-100.

［9］ 赵德文. 材料成形力学［M］. 沈阳：东北大学出版社，2002：5-28.

［10］ Von Karman T. Beitrag zur theorie des walzvorganges［J］. Zeitschrift Fur Angewandte Mathematik Und Mechanik, 1925, 5：139-141.

［11］ Tselikov A I. Present state of theory of metal pressure upon rolls in longitudinal rolling［J］. Stahl, 1958, 18（5）：434-441.

［12］ Freshwater I J. Simplified theories of flat rolling—Ⅰ. The calculation of roll pressure, roll force and roll torque［J］. International Journal of Mechanical Sciences, 1996, 38（6）：633-648.

［13］ Ginzburg V B, Ballas R. Flat rolling fundamentals［M］. New York：Marcel Dekker, 2000：49-365.

［14］ Orowan E. The calculation of roll pressure in hot and cold flat rolling［J］. Proceedings of the Institution of Mechanical Engineers, 1943, 150（1）：140-167.

［15］ Sims R B. The calculation of roll force and torque in hot rolling mills［J］. Proceedings of the Institution of Mechanical Engineers, 1954, 168（1）：191-200.

［16］ Bland D R, Ford H. The calculation of roll force and torque in cold strip rolling with tensions［J］. Proceedings of the Institution of Mechanical Engineers, 1948, 159（1）：144-163.

［17］ 赵志业. 金属塑性变形与轧制原理［M］. 北京：冶金工业出版社，1980：394-398.

［18］ Alexander J M. A slip line field for the hot rolling process［J］. Proceedings of the Institution of Mechanical Engineers, 1955, 169（1）：1021-1030.

［19］ Oh S I, Kobayashi S. An approximate method for a three-dimensional analysis of rolling［J］. International Journal of Mechanical Sciences, 1975, 17（4）：293-305.

［20］ Hill R. A general method of analysis for metal-working processes［J］. Journal of the Mechanics and Physics of Solids, 1963, 11（5）：305-326.

［21］ Lahoti G, Akgerman N, Oh S, et al. Computer-aided analysis of metal flow and stresses in plate rolling［J］. Journal of Mechanical Working Technology, 1980, 4（2）：105-119.

[22] Kazunori K, Tadao M, Toshihiko K. Flat-rolling of rigid-perfectly plastic solid bar by the energy method [J]. Journal of the Japan Society for Technology of Plasticity, 1980, 21 (231): 359-369.

[23] 王祖唐. 金属塑性成形理论 [M]. 北京: 机械工业出版社, 1989: 110-118.

[24] 运新兵. 金属塑性成形原理 [M]. 北京: 冶金工业出版社, 2012: 80-93.

[25] 赵德文. 成形能率积分线性化原理及应用 [M]. 北京: 冶金工业出版社, 2012: 78-96.

[26] 黄重国, 任学平. 金属塑性成形力学原理 [M]. 北京: 冶金工业出版社, 2008: 79-96.

[27] 董湘怀. 金属塑性成形原理 [M]. 北京: 机械工业出版社, 2011: 109-140.

[28] 吴树森, 柳玉起. 材料成形原理 [M]. 北京: 机械工业出版社, 2008: 74-89.

[29] Yu M H. Twin shear stress yield criterion [J]. International Journal of Mechanical Sciences, 1983, 25 (1): 71-74.

[30] 俞茂宏. 双剪理论及其应用 [M]. 北京: 科学出版社, 1998: 95-123.

[31] 黄文彬, 曾国平. 应用双剪应力屈服准则求解某些塑性力学问题 [J]. 力学学报, 1989, 21 (2): 249-256.

[32] Zhao D W, Xie Y J, Liu X H, et al. Three-dimensional analysis of rolling by twin shear stress yield criterion [J]. Journal of Iron and Steel Research International, 2006, 13 (6): 21-26.

[33] Zhao D W, Li J, Liu X H, et al. Deduction of plastic work rate per unit volume for unified yield criterion and its application [J]. Transactions of Nonferrous Metals Society of China, 2009, 19 (3): 657-660.

[34] 赵德文, 刘相华, 王国栋. 依赖 Tresca 和双剪应力屈服函数均值的屈服准则 [J]. 东北大学学报 (自然科学版), 2002, 23 (10): 976-979.

[35] Zhao D W, Xie Y J, Wang X W, et al. Derivation of plastic work rate done per unit volume for mean yield criterion and its application [J]. Journal of Mechanical Science and Technology, 2005, 21 (4): 433-436.

[36] 章顺虎, 赵德文, 王力, 等. MY 准则解线性和均布载荷下简支圆板的极限载荷 [J]. 东北大学学报 (自然科学版), 2012, 33 (7): 975-978.

[37] Zhang S H, Gao C R, Zhao D W, et al. Limit analysis of defect-free pipe elbow under internal pressure with mean yield criterion [J]. Journal of Iron and Steel Research International, 2013, 20 (4): 11-15.

[38] Zhang S H, Chen X D, Zhou J, et al. A dynamic closure criterion for central defects in heavy plate during hot rolling [J]. Meccanica, 2016, 51 (10): 2365-2375.

[39] 赵德文, 谢英杰, 刘相华, 等. 由 Tresca 和双剪应力两轨迹间误差三角形中线确定的屈服方程 [J]. 东北大学学报 (自然科学版), 2004, 25 (2): 121-124.

[40] Zhang D H, Cao J Z, Xu J J, et al. Simplified weighted velocity field for prediction of hot strip rolling force by taking into account flattening of rolls [J]. Journal of Iron and Steel Research International, 2014, 21 (7): 637-643.

[41] Zhao D W, Wang G J, Liu X H, et al. Application of geometric midline yield criterion to analysis of three-dimensional forging [J]. Transactions of Nonferrous Metals Society of China, 2008, 18 (1): 46-51.

[42] Wang G J, Du H J, Zhao D W, et al. Application of geometric midline yield criterion for strip drawing [J]. Journal of Iron and Steel Research International, 2009, 16 (6): 13-16.

[43] Zhang S H, Wang X N, Song B N, et al. Limit analysis based on GM criterion for defect-free pipe elbow under internal pressure [J]. International Journal of Mechanical Sciences, 2014, 78: 91-96.

[44] 赵德文, 方琪, 刘相华, 等. 一个与 Mises 轨迹覆盖面积相等的线性屈服条件 [J]. 东北大学学报 (自然科学版), 2005, 26 (3): 248-251.

[45] Zhao D W, Fang Q, Li C M, et al. Derivation of plastic specific work rate for equal area yield criterion and its application to rolling [J]. Journal of Iron and Steel Research International, 2010, 17 (4): 34-38.

[46] Lan L Y, Li C M, Zhao D W, et al. Derivation of equal area criterion and its application to crack tip plastic zone analysis [J]. Applied Mechanics and Materials, 2012, 110: 2918-2925.

[47] Zhang S H, Zhao D W, Chen X D. Equal perimeter yield criterion and its specific plastic work rate: Development, validation and application [J]. Journal of Central South University, 2015, 22 (11): 4137-4145.

[48] Zhang S H, Song B N, Wang X N, et al. Deduction of geometrical approximation yield criterion and its application [J]. Journal of Mechanical Science and Technology, 2014, 28 (6): 2263-2271.

[49] 陈韧, 刘立文, 李梦炜, 等. 粗轧板坯侧翻变形的数值模拟 [J]. 中国冶金, 2007, 17 (8): 29-32.

[50] Ginzburg V B. 板带轧制工艺学 [M]. 马清东, 陈荣清, 译. 北京: 冶金工业出版社, 1998: 191-232.

[51] 刘元铭. 热带钢粗轧立轧过程有限元模拟及双抛物线狗骨模型研究 [D]. 沈阳: 东北大学, 2014.

[52] 斎藤好弘, 绫田伦彦, 加藤健三. 长方形断面材の平压延の压延特性 [J]. 昭53春塑加讲论, 1978: 209-212.

[53] Okado M, Ariizumi T, Noma Y, et al. Width behaviour of the head and tail of slabs in edge rolling in hot strip mills [J]. Tetsu-to-Hagane, 1981, 67 (15): 2516-2525.

[54] Shibahara T, Misaka Y, Kono T, et al. Edger set-up model at roughing train in a hot strip mill [J]. Tetsu-to-Hagane, 1981, 67 (15): 2509-2151.

[55] Tazoe N, Honjyo H, Takeuchi M, et al. New forms of hot strip mill width rolling installations [C]//AISE Spring Conference, 1984, 61 (4): 85-88.

[56] Ginzburg V B, Kaplan N, Bakhtar F, et al. Width control in hot strip mills [J]. Iron and Steel Engineer, 1991, 68 (6): 25-39.

[57] Huismann R L. Large width reductions in a hot strip mill [C]//Commission of the European Communities, 1983, 54-56.

[58] 杜光梁, 赵刚, 黄克琴. 板坯在立轧、平轧道次中的变形研究 [J]. 武汉钢铁学院学报, 1989, 12 (3): 22-29.

[59] 赵刚, 黄克琴, 吴锦浩. 窄带钢宽向变形的研究 [J]. 钢铁, 1990, 25 (3): 33-36.

[60] 付江，赵以相，贺毓辛．板坯大侧压调宽变形的模拟研究 [J]．宝钢技术，1993，41 (2)：44-47.

[61] 熊尚武，朱祥霖，刘相华，等．热带粗轧机组立轧稳定轧制的变形规律的实验研究 [J]．钢铁，1995，30 (S1)：57-61.

[62] 熊尚武，朱祥霖，刘相华，等．热带粗轧机组调宽时材料的变形行为 [J]．钢铁研究，1996，8 (3)：17-20.

[63] 熊尚武，朱祥霖，王超．热带粗轧机组立轧变形规律研究 [J]．轧钢，1996，11 (5)：2-5.

[64] 熊尚武，朱祥霖，刘相华，等．热带粗轧机组调宽工艺中数学模型的建立 [J]．上海金属，1997，19 (1)：39-43.

[65] 韩力．国产 1700 mm 热连轧粗轧机组调宽轧制的工业实验 [J]．钢铁，1999，34 (4)：24-29.

[66] 张志臣．板坯立辊轧边过程的实验研究 [J]．太原重型机械学院学报，2003，24 (2)：84-87.

[67] Huisman H J, Huetink J. A combined Eulerian-Lagrangian three-dimensional finite-element analysis of edge-rolling [J]. Journal of Mechanical Working Technology, 1985, 11 (3)：333-353.

[68] David C, Bertrand C, Chenot J L, et al. A transient 3D FEM analysis of hot rolling of thick slabs [C]//Proceedings of Numiform'86, 1986：219-224.

[69] Chung W K, Choi S K, Thomson P F. Three-dimensional simulation of the edge rolling process by the explicit finite-element method [J]. Journal of Materials Processing Technology, 1993, 38 (1)：85-101.

[70] Forouzan M R, Salehi I, Adibi-sedeh A H. A comparative study of slab deformation under heavy width reduction by sizing press and vertical rolling using FE analysis [J]. Journal of Materials Processing Technology, 2009, 209 (2)：728-736.

[71] Xiong S W, Liu X H, Wang G D, et al. Simulation of slab edging by the 3-D rigid-plastic FEM [J]. Journal of Materials Processing Technology, 1997, 69 (1/2/3)：37-44.

[72] Xiong S W, Liu X H, Wang G D, et al. Simulation of vertical-horizontal rolling process during width reduction by full three-dimensional rigid-plastic finite element method [J]. Journal of Materials Engineering and Performance, 1997, 6 (6)：757-765.

[73] 熊尚武，刘相华，王国栋，等．热带粗轧机组立轧过程的三维有限元模拟 [J]．工程力学，1997，19 (2)：96-101.

[74] 熊尚武，吕程，刘相华，等．立轧非稳态过程的 3 维刚塑性有限元分析 [J]．东北大学学报（自然科学版），1999，20 (6)：647-650.

[75] Xiong S W, Liu X H, Wang G D. Analysis of non-steady state slab edging in roughing trains by a three-dimensional rigid-plastic finite element method [J]. International Journal of Machine Tools and Manufacture, 2000, 40 (11)：1573-1585.

[76] 熊尚武，吕程，刘相华，等．"狗骨"材平轧的三维刚塑性有限元分析 [J]．钢铁研究学报，2000，12 (1)：14-17.

［77］ Xiong S W, Liu X H, Wang G D, et al. A three-dimensional finite element simulation of the vertical-horizontal rolling process in the width reduction of slab ［J］. Journal of Materials Processing Technology, 2000, 101（1）: 146-151.

［78］ 张晓明，姜正义，刘相华，等. 板坯轧制的刚黏塑性有限元分析 ［J］. 塑性工程学报，2001, 8（3）: 71-76.

［79］ 冯桂起. 热轧粗轧过程金属变形规律的有限元模拟研究 ［D］. 秦皇岛：燕山大学，2003.

［80］ 冯宪章，刘才. 板坯定宽过程狗骨分布的有限元分析 ［J］. 冶金设备，2004, 146（4）: 1-3.

［81］ 李学通，杜风山，吴建峰. 孔型立辊调宽轧制的三维刚塑性有限元研究 ［J］. 上海金属，2005, 27（1）: 31-34.

［82］ 刘慧，王国栋，刘相华. 立辊轧边的显式动力有限元模拟 ［J］. 钢铁研究学报，2006, 18（3）: 18-20.

［83］ 吴建峰. 热轧带钢调宽技术研究与优化 ［D］. 沈阳：东北大学，2009.

［84］ Yuan G M, Wang J, Xiao H, et al. Research on online model of vertical rolling force in hot strip roughing trains ［J］. Advanced Materials Research, 2010, 145: 198-203.

［85］ Ruan J H, Zhang L W, Gu S D, et al. 3D FE modelling of plate shape during heavy plate rolling ［J］. Ironmaking & Steelmaking, 2014, 41（3）: 199-205.

［86］ Ruan J H, Zhang L W, Gu S D, et al. Regression models for predicting plate plan view pattern during wide and heavy plate rolling ［J］. Ironmaking & Steelmaking, 2014, 41（9）: 656-664.

［87］ Ruan J H, Zhang L W, Wang Z G, et al. Finite element simulation based plate edging model for plan view pattern control during wide and heavy plate rolling ［J］. Ironmaking & Steelmaking, 2015, 42（8）: 585-593.

［88］ Lundberg S E. An approximate theory for calculation of roll torque during edge rolling of steel slabs ［J］. Steel Research International, 1986, 57（7）: 325-330.

［89］ Lundberg S E, Gustafsson T. Roll force, torque, lever arm coefficient, and strain distribution in edge rolling ［J］. Journal of Materials Engineering and Performance, 1993, 2（6）: 873-879.

［90］ Lundberg S E. A model for prediction of roll force and torque in edge rolling ［J］. Steel Research International, 2007, 78（2）: 160-166.

［91］ Yun D, Lee D, Kim J, et al. A new model for the prediction of the dog-bone shape in steel mills ［J］. ISIJ International, 2012, 52（6）: 1109-1117.

［92］ Yun D J, Hwang S M. Dimensional analysis of edge rolling for the prediction of the dog-bone shape ［J］. Transactions of Materials Processing, 2012, 21（1）: 24-29.

［93］ Sparling L. Formula for 'spread' in hot flat rolling ［J］. Proceedings of the Institution of Mechanical Engineers, 1961, 175（1）: 604-640.

［94］ Chitkara N, Johnson W. Some experimental results concerning spread in the rolling of lead ［J］. Journal of Fluids Engineering, 1966, 88（2）: 489-499.

［95］ Beese J. Nomograms for predicting the spread of hot rolled slabs ［C］//AISE Yearly Proceedings, 1972: 251-252.

[96] Beese J. Some problem areas in the rolling of hot steel slabs [C]//AISE Yearly Proceedings, 1980: 49-52.

[97] Sheppard T, Wright D. Parameters affecting lateral deformation in slabbing mills [J]. Metals Technology, 1981, 8 (1): 46-57.

[98] Raghunathan N, Sheppard T. Lateral spread during slab rolling [J]. Materials Science and Technology, 1989, 5 (10): 1021-1026.

[99] 孙本荣, 率民, 杨新法, 等. 热宽带钢连轧机调宽轧制工艺参数研究 [J]. 钢铁, 1995, 30 (10): 37-41.

[100] 熊尚武, 朱祥霖, 刘相华, 等. 热带粗轧机组宽度变化规律的实验研究 [J]. 热加工工艺, 1996, 25 (1): 12-15.

[101] 熊尚武, 刘相华, 王国栋, 等. 板坯调宽变形规律的有限元解析 [J]. 钢铁, 1997, 32 (5): 39-43.

[102] 熊尚武, 姜正义, 刘相华, 等. 粗轧机组板坯调宽预测模型实验验证与应用 [J]. 钢铁, 1999, 34 (8): 41-44.

[103] Li G, Kobayashi S. Spread analysis in rolling by the rigid-plastic finite element method [J]. Numerical Methods in Industrial Forming Processes, 1982, 11 (2): 777-786.

[104] Mori K, Osakada K. Simulation of three-dimensional deformation in rolling by the finite-element method [J]. International Journal of Mechanical Sciences, 1984, 26 (9): 515-525.

[105] Liu C, Hartley P, Sturgess C E N, et al. Finite-element modelling of deformation and spread in slab rolling [J]. International Journal of Mechanical Sciences, 1987, 29 (4): 271-283.

[106] Lahoti G, Kobayashi S. On Hill's general method of analysis for metal-working processes [J]. International Journal of Mechanical Sciences, 1974, 16 (8): 521-540.

[107] Karabin M E, Smelser R E. A quasi-three-dimensional analysis of the deformation processing of sheets with applications [J]. International Journal of Mechanical Sciences, 1990, 32 (5): 375-389.

[108] Mahrenholtz O, Bontcheva N, Brzozowski M. Influence of friction and geometry on plastic spread [J]. Mechanics Research Communications, 1997, 24 (4): 351-358.

[109] Sheppard T, Duan X. A new spread formula for hot flat rolling of aluminium alloys [J]. Modelling and Simulation in Materials Science and Engineering, 2002, 10 (6): 597-610.

[110] 李学通, 杜凤山, 孙登月, 等. 热轧带钢粗轧区轧制宽展模型的研究 [J]. 钢铁, 2005, 40 (6): 44-47.

[111] 李明雷. 热连轧粗轧区数值模拟与立辊辊缝设定模型研究 [D]. 秦皇岛: 燕山大学, 2010.

[112] 柳翠茹, 张立文, 张驰, 等. 摩擦系数对宽厚板轧制宽展影响的数值模拟 [J]. 塑性工程学报, 2016, 23 (6): 106-111.

[113] Zaharoff T L, Johnson R E, Karabin M E. Spread in sheet rolling: A comparison using experiments, analytical solutions and numerical techniques [J]. International Journal of Mechanical Sciences, 1992, 34 (6): 435-442.

[114] Johnson R E. Shape forming and lateral spread in sheet rolling [J]. International Journal of

Mechanical Sciences, 1991, 33 (6): 449-469.

[115] 刘相华, 胡贤磊, 杜林秀. 轧制参数计算模型及其应用 [M]. 北京: 化学工业出版社, 2007: 144-178.

[116] Lee D Y, Cho H S, Cho D Y. A neural network model to determine the plate width set-up value in a hot plate mill [J]. Journal of Intelligent Manufacturing, 2000, 11 (6): 547-557.

[117] Chun M, Yi J, Moon Y. Application of neural networks to predict the width variation in a plate mill [J]. Journal of Materials Processing Technology, 2001, 111 (1): 146-149.

[118] 周政. BP 神经网络在热轧带钢宽度控制中的应用 [D]. 北京: 北京科技大学, 2005.

[119] 王爱丽, 杨荃, 何安瑞, 等. 热连轧粗轧区 FES 宽展模型及其优化 [J]. 北京科技大学学报, 2010, 32 (4): 515-519.

[120] 李文婷. 基于改进型粒子群算法的热轧带钢宽度神经网络预报模型的研究 [D]. 太原: 太原理工大学, 2011.

[121] Alexander J, Ford H. Simplified hot-rolling calculations [J]. Journal of the Institute of Metals, 1964, 92 (12): 397-404.

[122] Gupta S, Ford H. Calculation method for hot rolling of steel sheet and strip [J]. Journal of Iron and Steel Institute, 1967, 205 (2): 186-190.

[123] Collins I F. Slipline field solutions for compression and rolling with slipping friction [J]. International Journal of Mechanical Sciences, 1969, 11 (12): 971-978.

[124] Crane F A A, Lampkin W. Distortion of metal strip during rolling with rough rolls [J]. The Journal of Strain Analysis for Engineering Design, 1969, 4 (1): 1-9.

[125] Dewhurst P, Collins I F. A matrix technique for constructing slip-line field solutions to a class of plane strain plasticity problems [J]. International Journal for Numerical Methods in Engineering, 1973, 7 (3): 357-378.

[126] Dewhurst P, Collins I F, Johnson W. A class of slipline field solutions for the hot rolling of strip [J]. Journal of Mechanical Engineering Science, 1973, 15 (6): 439-447.

[127] 曹鸿德. 轧制高轧件时轧件中的应力分布及轧制压力的计算 [J]. 东北重型机械学院学报, 1979, 1: 47-52.

[128] Sparling L. The evaluation of load and torque in hot flat rolling from slip line fields [J]. Proceedings of the Institution of Mechanical Engineers, Part A: Power and Process Engineering, 1983, 197 (4): 277-285.

[129] Klarin K, Mouton J P, Lundberg S E. Application of computerized slip-line-field analysis for the calculation of the lever-arm coefficient in hot-rolling mills [J]. Journal of Materials Processing Technology, 1993, 36 (4): 427-446.

[130] 李学智. 应用滑移线理论分析初轧变形区的应力分布 [J]. 鞍钢技术, 1998, 10 (2): 15-18.

[131] Sezek S, Aksakal B, Can Y. Analysis of cold and hot plate rolling using dual stream functions [J]. Materials & Design, 2008, 29 (3): 584-596.

[132] Zhao D W, Zhang S H, Li C M, et al. Rolling with simplified stream function velocity and strain rate vector inner product [J]. Journal of Iron and Steel Research International, 2012,

19 (3): 20-24.

[133] Dawson P R, Thompson E G. Finite element analysis of steady-state elasto-visco-plastic flow by the initial stress-rate method [J]. International Journal for Numerical Methods in Engineering, 1978, 12 (1): 47-57.

[134] Mori K, Osakada K, Oda T. Simulation of plane-strain rolling by the rigid-plastic finite element method [J]. International Journal of Mechanical Sciences, 1982, 24 (9): 519-527.

[135] Hwang S M, Joun M S. Analysis of hot-strip rolling by a penalty rigid-viscoplastic finite element method [J]. International Journal of Mechanical Sciences, 1992, 34 (12): 971-984.

[136] Hwang S M, Joun M S, Kang Y H. Finite element analysis of temperatures, metal flow, and roll pressure in hot strip rolling [J]. Journal of Engineering for Industry, 1993, 115 (3): 290-298.

[137] Joun M S, Hwang S M. Optimal process design in steady-state metal forming by finite element method-I. Theoretical considerations [J]. International Journal of Machine Tools and Manufacture, 1993, 33 (1): 51-61.

[138] Hwang S M, Sun C G, Ryoo S R, et al. An integrated FE process model for precision analysis of thermo-mechanical behaviors of rolls and strip in hot strip rolling [J]. Computer Methods in Applied Mechanics and Engineering, 2002, 191 (37): 4015-4033.

[139] Kwak W J, Kim Y H, Park H D, et al. FE-based on-line model for the prediction of roll force and roll power in hot strip rolling [J]. ISIJ International, 2000, 40 (10): 1013-1018.

[140] Byon S M, Kim S I, Lee Y. Predictions of roll force under heavy-reduction hot rolling using a large-deformation constitutive model [J]. Proceedings of the Institution of Mechanical Engineers Part B: Journal of Engineering Manufacture, 2004, 218 (5): 483-494.

[141] Mei R B, Li C S, Liu X H. A NR-BFGS method for fast rigid-plastic FEM in strip rolling [J]. Finite Elements in Analysis and Design, 2012, 61: 44-49.

[142] Lee D, Lee Y. Application of neural-network for improving accuracy of roll-force model in hot-rolling mill [J]. Control Engineering Practice, 2002, 10 (4): 473-478.

[143] Yang Y Y, Linkens D A, Talamantes-Silva J, et al. Roll force and torque prediction using neural network and finite element modelling [J]. ISIJ International, 2003, 43 (12): 1957-1966.

[144] Moussaoui A, Selaimia Y, Abbassi H A. Hybrid hot strip rolling force prediction using a bayesian trained artificial neural network and analytical models [J]. American Journal of Applied Sciences, 2006, 6 (3): 1885-1889.

[145] Shahani A R, Setayeshi S, Nodamaie S A, et al. Prediction of influence parameters on the hot rolling process using finite element method and neural network [J]. Journal of Materials Processing Technology, 2009, 209 (4): 1920-1935.

[146] Rath S, Singh A P, Bhaskar U, et al. Artificial neural network modeling for prediction of roll force during plate rolling process [J]. Materials and Manufacturing Processes, 2010, 25 (1/2/3): 149-153.

[147] Bagheripoor M, Bisadi H. Application of artificial neural networks for the prediction of roll

force and roll torque in hot strip rolling process [J]. Applied Mathematical Modelling, 2013, 37 (7): 4593-4607.

[148] 孙一康. 冷热轧板带轧机的模型与控制 [M]. 北京: 冶金工业出版社, 2010: 49-89.

[149] Stone M D. Rolling of thin strip [J]. Iron and Steel Engineer, 1953, 30 (2): 1-15.

[150] Venter R D, Adb-Rabbo A. Modelling of the rolling process-II: Evaluation of the stress distribution in the rolled material [J]. International Journal of Mechanical Sciences, 1980, 22 (2): 93-98.

[151] Chen S Z, Zhang D H, Sun J, et al. Online calculation model of rolling force for cold rolling mill based on numerical integration [C]//Proceedings of the 2012 24th Chinese Control and Decision Conference, Shenyang: Northeastern University Press, 2012: 3951-3955.

[152] Guo R M. Analysis of dynamic behaviors of tandem cold mills using generalized dynamic and control equations [J]. IEEE Transactions on Industry Applications, 2000, 36 (3): 842-853.

[153] Guo R M. New approaches to roll bite behaviors with multiple characteristic zones [C]// Proceedings of the 10th International Conference on Steel Rolling, Beijing: Metallurgical Industry Press, 2010: 1605-1612.

[154] Guo R M. Investigation of roll bite behavior with various cold rolling conditions using semi-analytic solutions of Von Karman's rolling equation [J]. Metallurgia Italiana, 2014, (4): 29-38.

[155] Komori K. An upper bound method for analysis of three-dimensional deformation in the flat rolling of bars [J]. International Journal of Mechanical Sciences, 2002, 44 (1): 37-55.

[156] Wang G G, Du F S, Li X T, et al. Online control model of rolling force considering shear strain effects [C]//Advanced Design and Manufacture to Gain a Competitive Edge, 2008: 325-333.

[157] Firbank T C, Lancaster P R. A suggested slip-line field for cold rolling with slipping friction [J]. International Journal of Mechanical Sciences, 1965, 7 (12): 847-852.

[158] Firbank T C, Lancaster P R. A proposed slip-line field for lubricated cold rolling [J]. International Journal of Mechanical Sciences, 1967, 9 (2): 65-67.

[159] Marshall E A. Rolling contact with plastic deformation [J]. Journal of the Mechanics and Physics of Solids, 1968, 16 (4): 243-254.

[160] Collins I F. A simplified analysis of the rolling of a cylinder on a rigid/perfectly plastic half-space [J]. International Journal of Mechanical Sciences, 1972, 14 (1): 1-14.

[161] Petryk H. A slip-line field analysis of the rolling contact problem at high loads [J]. International Journal of Mechanical Sciences, 1983, 25 (4): 265-275.

[162] Oluleke O O, Olayinka O. Slip line field solution for second pass in lubricated 4-high reversing cold rolling sheet mill [J]. Engineering, 2011, 12 (3): 1225-1233.

[163] Rao S S, Kumar A. Finite element analysis of cold strip rolling [J]. International Journal of Machine Tool Design and Research, 1977, 17 (3): 159-168.

[164] Yarita I, Mallett R L, Lee E H. Stress and deformation analysis of plane-strain rolling process [J]. Steel Research International, 1985, 56 (5): 255-259.

[165] Liu C, Hartley P, Sturgess C E N, et al. Analysis of stress and strain distributions in slab rolling using an elastic plastic finite element method [J]. International Journal for Numerical Methods in Engineering, 1988, 25 (1): 55-66.

[166] Lee J D. A large-strain elastic-plastic finite element analysis of rolling process [J]. Computer Methods in Applied Mechanics and Engineering, 1998, 161 (3): 315-347.

[167] Xiong S W, Rodrigues J M C, Martins P A F. Application of the element free Galerkin method to the simulation of plane strain rolling [J]. European Journal of Mechanics-A/Solids, 2004, 23 (1): 77-93.

[168] Xiong S W, Rodrigues J M C, Martins P A F. Three-dimensional simulation of flat rolling through a combined finite element-boundary element approach [J]. Finite Elements in Analysis and Design, 1999, 32 (4): 221-233.

[169] Xiong S W, Rodrigues J M C, Martins P A D. Simulation of plane strain rolling through a combined finite element-boundary element approach [J]. Journal of Materials Processing Technology, 1999, 96 (1): 173-181.

[170] Jiang Z Y, Tieu A K. Modelling of the rolling processes by a 3-D rigid plastic/visco-plastic finite element method with shifted ICCG method [J]. Computers & Structures, 2001, 79 (31): 2727-2740.

[171] Jiang Z Y, Tieu A K. Elastic-plastic finite element method simulation of thin strip with tension in cold rolling [J]. Journal of Materials Processing Technology, 2002, 130: 511-515.

[172] Jiang Z Y, Xiong S W, Tieu A K, et al. Modelling of the effect of friction on cold strip rolling [J]. Journal of Materials Processing Technology, 2008, 201 (1): 85-90.

[173] Moon C H, Lee Y. Approximate model for predicting roll force and torque in plate rolling with peening effect considered [J]. ISIJ International, 2008, 48 (10): 1409-1418.

[174] Linghu K Z, Jiang Z Y, Zhao J W, et al. 3D FEM analysis of strip shape during multi-pass rolling in a 6-high CVC cold rolling mill [J]. International Journal of Advanced Manufacturing Technology, 2014, 74 (9/10/11/12): 1733-1745.

[175] Moazeni B, Salimi M. Investigations on relations between shape defects and thickness profile variations in thin flat rolling [J]. International Journal of Advanced Manufacturing Technology, 2014, 77 (5/6/7/8): 1315-1331.

[176] Cho S Z, Cho Y J, Yoon S C. Reliable roll force prediction in cold mill using multiple neural networks [J]. IEEE Transactions on Neural Networks, 1997, 8 (4): 874-882.

[177] Lin J. Prediction of rolling force and deformation in three-dimensional cold rolling by using the finite-element method and a neural network [J]. The International Journal of Advanced Manufacturing Technology, 2002, 20 (11): 799-806.

[178] Gudur P P, Dixit U S. A neural network-assisted finite element analysis of cold flat rolling [J]. Engineering Applications of Artificial Intelligence, 2008, 21 (1): 43-52.

[179] 梁勋国, 贾涛, 矫志杰, 等. 基于贝叶斯方法的神经网络应用于冷轧轧制力预报 [J]. 钢铁研究学报, 2008, 20 (10): 59-62.

[180] 张清东, 徐兴刚, 于孟, 等. 基于遗传神经网络的不锈钢带冷轧轧制力模型 [J]. 钢

铁，2008，43（12）：46-48.

[181] Xie H B, Jiang Z Y, Tieu A K, et al. Prediction of rolling force using an adaptive neural network model during cold rolling of thin strip [J]. International Journal of Modern Physics B, 2008, 22（31/32）：5723-5727.

[182] 薛涛，杜凤山，孙静娜，等. 基于 FEM-ANN 的冷轧带钢轧制力预报 [J]. 中南大学学报（自然科学版），2013，44（11）：4456-4460.

[183] Vini M H. Using artificial neural networks to predict rolling force and real exit thickness of steel strips [J]. Journal of Modern Processes in Manufacturing and Production, 2014, 3（3）：53-60.

[184] 杜平. 纵向变厚度扁平材轧制理论与控制策略研究 [D]. 沈阳：东北大学，2008.

[185] 丁雷. 变厚度板材的轧制技术及其厚度控制模型研究 [D]. 太原：太原科技大学，2011.

[186] 李开拓. 冷连轧机动态变规格厚度控制技术研究 [D]. 沈阳：东北大学，2011.

[187] 张广基. 冷轧纵向变厚度板轧制理论及实验研究 [D]. 沈阳：东北大学，2011.

[188] Liu X H. Prospects for variable gauge rolling: Technology, theory and application [J]. Journal of Iron and Steel Research International, 2011, 18（1）：1-7.

2 流函数法解析立轧形状和轧制力模型

　　立轧是粗轧过程中最重要的宽度控制手段。立轧时立辊的压下量与板坯的初始宽度的比值非常小，一般板坯宽度与变形区长度比值很大，且宽厚比大于3，属于典型的超高件塑性变形，可以考虑成半无限体变形问题[1]。板坯宽度方向上被压缩的金属，朝着板坯横向、纵向和厚度方向流动，但是板坯横向压缩变形不能完全延伸到整个宽度的中央，中央部分的金属几乎不发生塑性变形。因此，板坯的三维变形主要发生在板坯与立辊接触边部的厚度方向上，立轧后板坯的横断面上将呈现狗骨形断面。图 2-1 描述了立轧前后板坯横断面的轮廓以及狗骨形状的特征四参数：狗骨骨峰高度 $2h_b$、与立辊表面接触处狗骨高度 $2h_r$、骨峰位置 l_p 和狗骨影响区长度 l_c。

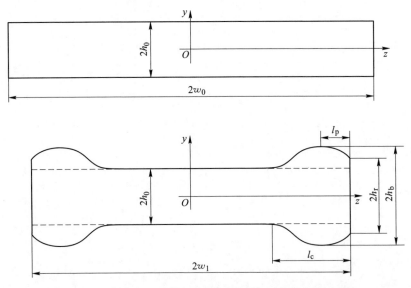

图 2-1　立轧前后板坯横断面轮廓和狗骨形状特征四参数

　　立轧过程由于变形不均匀，与平轧过程存在明显的区别，所以不能用成熟的平轧理论研究立轧过程。然而目前有关粗轧机组立轧调宽中对狗骨形状的研究仍然停留在有限元和物理实验模拟的水平上，各个模拟或实验条件不同，并且与现场实际生产条件的差距非常大，所以得到的各个模型之间也存在较大的差异，有些规律甚至相反，因此模型精度仍需进一步提高。同时，针对立轧过程的相关理论研究非常少，所以迫切需要对立轧过程进行更深入的研究。

本章利用有限元模拟分析了板坯立轧过程变形的特点，假设立轧为平面变形，基于体积不变条件，建立了立轧正弦函数狗骨模型，根据平面流函数性质得到相应运动许可的速度场和应变速率场。为了克服平面变形假设带来的偏差，根据双流函数性质建立了立轧三维变形的三次曲线狗骨模型，以及相应的速度场和应变速率场，将以上两种模型和方法应用到立轧过程中，得出立轧时的总功率泛函、轧制力和狗骨形状参数的数值解和解析解。

2.1 立轧变形特点

本节采用某热轧现场粗轧机组立辊设备参数和轧制规程，板坯和立辊的几何尺寸如表 2-1 所示。为减少有限元模型的节点数量和缩短计算时间，取板坯变形区厚度和宽度方向的四分之一为研究对象，采用 ABAQUS/CAE 建立模型，选择 ABAQUS/Explicit 显式分析求解器求解立轧过程，利用刚塑性有限元法分析板坯在立轧过程的变形机理以及力能和形状参数。ABAQUS 分析立轧过程的流程如图 2-2 所示。

表 2-1 板坯和立辊的几何尺寸

板坯厚度/m	板坯宽度/m	板坯长度/m	立辊直径/m	立辊辊身长/m
0.16~0.4	0.9~1.4	2	0.7~1.2	0.5

由于狗骨变形主要发生在靠近板坯与立辊接触的区域，所以对靠近立辊的板坯边部进行了局部细化，划分网格后的有限元模型如图 2-3 所示，根据立轧后的有限元模拟结果分析变形特点。

图 2-4 为立轧后板坯的 Mises 应力分布。从图中可以看出，沿板坯宽度方向，靠近中部应力值越小，越靠近立辊的板坯边部应力值最大，从应力角度解释了立轧之后形成的狗骨形状，以及边部塑性变形比中间区域大的现象。图 2-5 描述了立轧后板坯的等效塑性应变分布，从图中可以看出等效塑性应变是在整个变形过程中塑性应变累积结果，板坯中部的等效应变值很小，变形量几乎为零，板坯的塑性变形从边部到中部逐渐减小，说明立轧时塑性变形主要限制在板坯的边部区域。这从应变角度解释了立轧之后形成的狗骨形状，以及边部塑性变形比中间区域大的现象。

图 2-6 和图 2-7 描述了立轧后板坯厚度方向和宽度方向变形位移分布。从图中可以明显看出，靠近板坯边部的有限元网格发生了明显变形，而位于板坯宽度中央区域的网格几乎没有发生变形，所以变形金属主要集中在板坯与立辊接触的

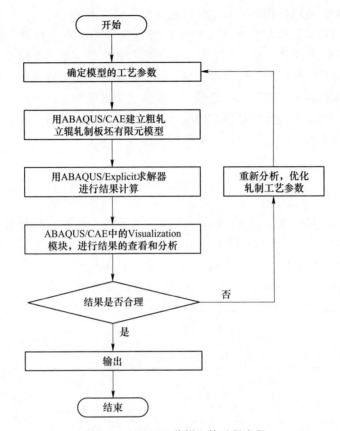

图 2-2　ABAQUS 分析立轧过程流程

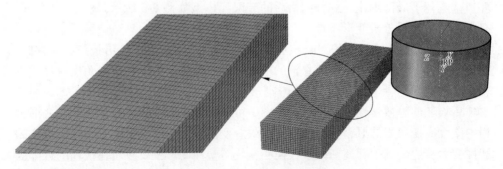

图 2-3　划分网格后的立轧有限元模型

区域，并未渗透到板坯的中心区域。板宽中心并没有发生三维塑性变形，可以近似认为是刚性区。

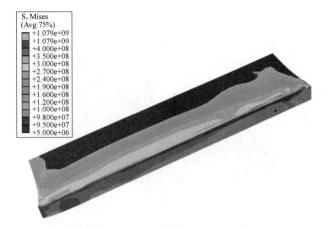

图 2-4 立轧后板坯的 Mises 应力分布

（扫描书前二维码看彩图）

图 2-5 立轧后板坯的等效塑性应变分布

（扫描书前二维码看彩图）

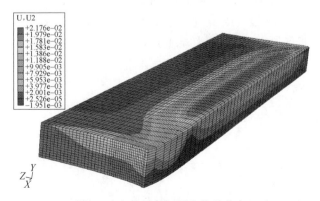

图 2-6 立轧后板坯厚向位移分布

（扫描书前二维码看彩图）

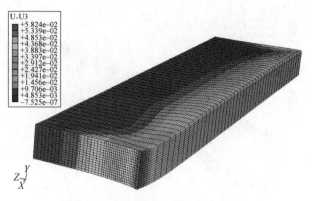

图 2-7　立轧后板坯宽向位移分布
（扫描书前二维码看彩图）

2.2　平面流函数法在立轧正弦函数狗骨模型的应用

根据第 2.1 节有限元模拟得出的立轧变形特点，在建立狗骨理论模型时可将板宽中心区域假设为刚性区。本节建立了立轧正弦函数狗骨模型，假设立轧变形区为平面变形，基于体积不变条件和流函数性质得到相应运动许可的速度场和应变速率场，进而得出立轧工艺的总功率泛函、轧制力和形状参数的数值解与解析解。

2.2.1　正弦函数狗骨数学模型的建立

设板坯的初始厚度为 $2h_0$，宽度由 $2w_0$ 减小到 $2w_1$，单侧压下量 $\Delta w = w_0 - w_1$，立辊半径为 R，接触弧在轧制方向上的投影长度为 l，$l = \sqrt{2R\Delta w}$，接触角为 α，咬入角为 θ，$\theta = \sin^{-1}(l/R)$，立辊转速为 v_R，板坯入口速度 $v_0 = v_R\cos\theta$。x 为轧制方向，y 为板坯厚度方向，z 为板坯宽度方向，如图 2-8 所示。根据板带轧制对称性质，选取板坯变形区的四分之一为研究对象，咬入区板坯半宽度 w_x 及其一阶导数和其他参数为

$$w_x = w_1 + R - \sqrt{R^2 - (l - x)^2} \tag{2-1}$$

$$l - x = R\sin\alpha, \ \mathrm{d}x = -R\cos\alpha\mathrm{d}\alpha \tag{2-2}$$

$$\frac{\mathrm{d}w_x}{\mathrm{d}x} = -\frac{l - x}{\sqrt{R^2 - (l - x)^2}} = -\tan\alpha \tag{2-3}$$

变形区内轧制方向上任意一点处板坯半宽度的绝对压下量为

$$\Delta w_x = w_0 - w_x \tag{2-4}$$

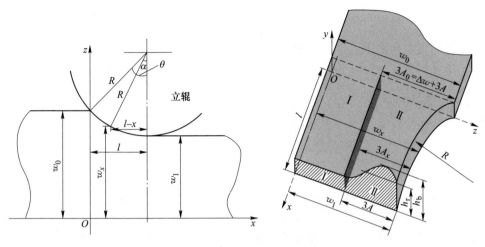

图 2-8 立轧咬入区示意图

通过对立轧实际生产过程的研究和模拟以及变形过程中变形区内金属优先流向阻力最小方向的规律，本节提出了具有对称性质和反对称性质的正弦函数狗骨模型，如图 2-9 所示。图中细点画线、虚线和实线分别为立轧变形前、变形中和变形后板坯横断面的轮廓线。

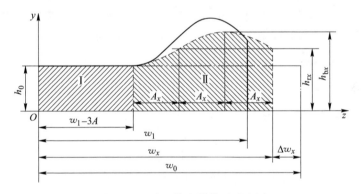

图 2-9 正弦函数狗骨模型示意图

为了方便描述板坯的半厚度 $h = h(x, z)$，将咬入区沿宽度方向分为 I 区和 II 区两个区域，其中 I 区为狗骨茎区，II 区为狗骨头区。将狗骨头区（II 区）沿宽度方向等分为长度为 A_x 的三部分，则

$$A_x = \frac{1}{3}\left[w_x - (w_1 - 3A) \right] \tag{2-5}$$

式中，A_x 为狗骨截面宽度参数，m；A 为待定常数，m。

由式（2-5）可得 $w_x - 3A_x = w_1 - 3A$，出口处 $A_1 = A$，入口处 $A_0 = \dfrac{1}{3}\Delta w + A$，
则正弦函数狗骨模型表达式分别为

Ⅰ区（$0 < z < w_x - 3A_x$）：半厚度 $h_\mathrm{I} = h_\mathrm{I}(x,\ z)$ 为

$$h_\mathrm{I} = h_0 \tag{2-6}$$

Ⅱ区（$w_x - 3A_x < z < w_x$）：半厚度 $h_\mathrm{II} = h_\mathrm{II}(x,\ z)$ 为

$$h_\mathrm{II} = h_0 + \beta\Delta w_x - \beta\Delta w_x \sin\frac{\pi(z - w_x)}{2A_x} \tag{2-7}$$

式中，β 为待定参数。

由式（2-7）可以看出，Ⅱ区左侧部分与中间部分的狗骨函数关于 $z = w_x - A_x$
呈反对称关系，Ⅱ区中间部分与右侧部分的狗骨函数关于 $z = w_x - 2A_x$ 呈对称关
系。狗骨茎区为刚性区，狗骨头区为塑性区。则变形区中狗骨四参数：骨峰半高
度 h_bx、与辊面接触的狗骨半高度 h_rx、狗骨骨峰所处的位置 l_px 和狗骨影响区长
度 l_cx 的表达式分别为

$$h_\mathrm{bx} = h_0 + 2\beta\Delta w_x \tag{2-8}$$

$$h_\mathrm{rx} = h_0 + \beta\Delta w_x \tag{2-9}$$

$$l_\mathrm{px} = A_x \tag{2-10}$$

$$l_\mathrm{cx} = 3A_x \tag{2-11}$$

文献［2］和文献［3］中假设立轧过程的变形区为平面变形，立轧方向（z
方向）压下的金属体积等于厚度方向（y 方向）增加的体积，即轧制方向的横截
面上满足体积不变条件，如式（2-12）所示。

$$\Delta w_x h_0 = \int_0^{w_x - 3A_x}(h_\mathrm{I} - h_0)\,\mathrm{d}z + \int_{w_x - 3A_x}^{w_x}(h_\mathrm{II} - h_0)\,\mathrm{d}z \tag{2-12}$$

将式（2-6）和式（2-7）代入式（2-12）可得

$$\beta = \frac{\pi h_0}{A_x(2 + 3\pi)} \tag{2-13}$$

将式（2-13）代入式（2-6）和式（2-7），可得正弦函数狗骨模型的具体表
达式为

$$h_\mathrm{I} = h_0$$

$$h_\mathrm{II} = h_0 + \frac{\pi h_0 \Delta w_x}{A_x(2 + 3\pi)} - \frac{\pi h_0 \Delta w_x}{A_x(2 + 3\pi)}\sin\frac{\pi(z - w_x)}{2A_x} \tag{2-14}$$

式（2-14）满足如下边界条件：

$$h_\mathrm{I}(0,\ z) = h_\mathrm{II}(0,\ z) = h_0 \tag{2-15}$$

$$h_\mathrm{I}(x,\ w_x - 3A_x) = h_\mathrm{II}(x,\ w_x - 3A_x) = h_0 \tag{2-16}$$

$$\left.\frac{\partial h_\mathrm{I}(x,\ z)}{\partial z}\right|_{z = w_x - 3A_x} = \left.\frac{\partial h_\mathrm{II}(x,\ z)}{\partial z}\right|_{z = w_x - 3A_x} = 0 \tag{2-17}$$

$$h_{\text{II}}(l, w_1 - A) = h_0 + \frac{2\pi h_0 \Delta w}{A(2 + 3\pi)} = h_{\text{b}} \tag{2-18}$$

$$h_{\text{II}}(l, w_1) = h_0 + \frac{\pi h_0 \Delta w}{A(2 + 3\pi)} = h_{\text{r}} \tag{2-19}$$

式中，A 为待定常数，可以通过能量法求解变形区总功率泛函的最小值来确定。

2.2.2　平面流函数法构建立轧速度场

立轧变形区金属的变形分析如图 2-10 所示，Ⅰ 区为刚性区，宽向不流动，Ⅱ 区为塑性区，宽度由 $\Delta w + 3A$ 压缩到 $3A$。

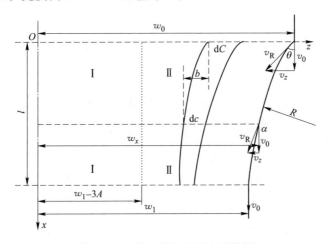

图 2-10　立轧变形区金属变形分析

设 $dc - dC$ 为板坯在长度方向上无限小微元体横向的变化量，$b = b(x, z)$ 为横向位移，则

$$\frac{\mathrm{d}b}{\mathrm{d}z} = \frac{\mathrm{d}c - \mathrm{d}C}{\mathrm{d}C} \tag{2-20}$$

根据体积不可压缩条件得到轧制方向的速度 v_x 为

$$v_x = \frac{v_0 h_0}{h} \frac{\mathrm{d}C}{\mathrm{d}c} \tag{2-21}$$

将式（2-20）代入式（2-21）并注意：$\dfrac{\mathrm{d}b}{\mathrm{d}z} \ll 1$，$\dfrac{\mathrm{d}b/\mathrm{d}z}{1 + \mathrm{d}b/\mathrm{d}z} \approx \dfrac{\mathrm{d}b}{\mathrm{d}z}$，则有

$$v_x = \frac{v_0 h_0}{h}\left(1 - \frac{\mathrm{d}b}{\mathrm{d}z}\right) \tag{2-22}$$

根据流函数的性质有

$$\frac{v_z}{v_x} = \frac{\mathrm{d}b}{\mathrm{d}x} \tag{2-23}$$

将式（2-22）代入式（2-23）可得宽度方向的速度为

$$v_z = \frac{v_0 h_0}{h}\left(1 - \frac{\partial b}{\partial z}\right)\frac{\partial b}{\partial x} \tag{2-24}$$

根据体积不变条件可知

$$\dot{\varepsilon}_y = \frac{\partial v_y}{\partial y} = -\frac{\partial v_x}{\partial x} - \frac{\partial v_z}{\partial z}$$

$$= v_0 h_0\left\{\frac{\partial}{\partial z}\left(\frac{1}{h}\right)\left[\frac{\partial b}{\partial x}\left(\frac{\partial b}{\partial z} - 1\right)\right] + \frac{1}{h}\frac{\partial^2 b}{\partial x \partial z}\left(\frac{\partial b}{\partial z} - 1\right) + \frac{1}{h}\frac{\partial b}{\partial x}\frac{\partial^2 b}{\partial z^2}\right\} \tag{2-25}$$

当 $y = 0$ 时 $v_y = 0$，板坯厚度方向速度 v_y 可以通过将 $\dot{\varepsilon}_y$ 对 y 进行积分得到，如式（2-26）所示。

$$v_y = \int \dot{\varepsilon}_y \mathrm{d}y = v_0 h_0 y\left\{\frac{\partial}{\partial z}\left(\frac{1}{h}\right)\left[\frac{\partial b}{\partial x}\left(\frac{\partial b}{\partial z} - 1\right)\right] + \frac{1}{h}\frac{\partial^2 b}{\partial x \partial z}\left(\frac{\partial b}{\partial z} - 1\right) + \frac{1}{h}\frac{\partial b}{\partial x}\frac{\partial^2 b}{\partial z^2}\right\}$$

$$\tag{2-26}$$

由式（2-22）、式（2-24）和式（2-26）可以得到速度场分量为

$$v_x = \frac{v_0 h_0}{h}\left(1 - \frac{\partial b}{\partial z}\right)$$

$$v_y = v_0 h_0 y\left\{\frac{\partial}{\partial z}\left(\frac{1}{h}\right)\left[\frac{\partial b}{\partial x}\left(\frac{\partial b}{\partial z} - 1\right)\right] + \frac{1}{h}\frac{\partial^2 b}{\partial x \partial z}\left(\frac{\partial b}{\partial z} - 1\right) + \frac{1}{h}\frac{\partial b}{\partial x}\frac{\partial^2 b}{\partial z^2}\right\} \tag{2-27}$$

$$v_z = \frac{v_0 h_0}{h}\left(1 - \frac{\partial b}{\partial z}\right)\frac{\partial b}{\partial x}$$

由式（2-27）可以得到相应的应变速率场分量为

$$\dot{\varepsilon}_x = \frac{\partial v_x}{\partial x}$$

$$\dot{\varepsilon}_y = \frac{\partial v_y}{\partial y} = v_0 h_0\left\{\frac{\partial}{\partial z}\left(\frac{1}{h}\right)\left[\frac{\partial b}{\partial x}\left(\frac{\partial b}{\partial z} - 1\right)\right] + \frac{1}{h}\frac{\partial^2 b}{\partial x \partial z}\left(\frac{\partial b}{\partial z} - 1\right) + \frac{1}{h}\frac{\partial b}{\partial x}\frac{\partial^2 b}{\partial z^2}\right\}$$

$$\dot{\varepsilon}_z = \frac{\partial v_z}{\partial z} = -v_0 h_0\left\{\frac{\partial}{\partial z}\left(\frac{1}{h}\right)\left[\frac{\partial b}{\partial x}\left(\frac{\partial b}{\partial z} - 1\right)\right] + \frac{1}{h}\frac{\partial^2 b}{\partial x \partial z}\left(\frac{\partial b}{\partial z} - 1\right) + \frac{1}{h}\frac{\partial b}{\partial x}\frac{\partial^2 b}{\partial z^2}\right\}$$

$$\tag{2-28}$$

2.2.2.1　横向位移的求解

前文已经假设立轧变形区的变形为平面变形，则

$$v_x = v_0 \tag{2-29}$$

联立式（2-22）和式（2-29）可得

$$b = b(x, z) = \int_0^z\left(1 - \frac{h}{h_0}\right)\mathrm{d}z \tag{2-30}$$

将式（2-14）代入式（2-30）并考虑边界条件，可得各区的横向位移 b 分

别为

Ⅰ区：

$$b_{\mathrm{I}} = \int_0^{w_1 - 3A} \left(1 - \frac{h_{\mathrm{I}}}{h_0}\right) \mathrm{d}z = 0 \qquad (2\text{-}31)$$

Ⅱ区：

$$b_{\mathrm{II}} = \int \left(1 - \frac{h_{\mathrm{II}}}{h_0}\right) \mathrm{d}z \qquad (2\text{-}32)$$

代入边界条件 $b_{\mathrm{I}}(x, w_x - 3A_x) = b_{\mathrm{II}}(x, w_x - 3A_x) = 0$ 得

$$b_{\mathrm{II}} = -\frac{\pi \Delta w_x}{(2 + 3\pi)A_x}[z - (w_x - 3A_x)] - \frac{2\Delta w_x}{2 + 3\pi}\cos\frac{\pi(z - w_x)}{2A_x} \qquad (2\text{-}33)$$

由式（2-33）可得 $b_{\mathrm{II}}(x, w_x) = -\Delta w_x$，满足边界条件。

2.2.2.2　Ⅰ区速度场和应变速率场的求解

将式（2-31）代入式（2-27）可以得到Ⅰ区的速度场为

$$v_{x\mathrm{I}} = v_0, \ v_{y\mathrm{I}} = v_{z\mathrm{I}} = 0 \qquad (2\text{-}34)$$

根据 Cauchy 方程，Ⅰ区的应变速率场为

$$\dot{\varepsilon}_{x\mathrm{I}} = \dot{\varepsilon}_{y\mathrm{I}} = \dot{\varepsilon}_{z\mathrm{I}} = \dot{\varepsilon}_{xy\mathrm{I}} = \dot{\varepsilon}_{yx\mathrm{I}} = \dot{\varepsilon}_{xz\mathrm{I}} = \dot{\varepsilon}_{zx\mathrm{I}} = \dot{\varepsilon}_{yz\mathrm{I}} = \dot{\varepsilon}_{zy\mathrm{I}} = 0 \qquad (2\text{-}35)$$

2.2.2.3　Ⅱ区速度场和应变速率场的求解

将式（2-33）代入式（2-27）可以得到Ⅱ区速度场分量为

$$v_{x\mathrm{II}} = v_0$$

$$v_{y\mathrm{II}} = -\frac{\pi v_0 y}{(2 + 3\pi)}\left\{\frac{A_0}{A_x^2}\left[1 - \sin\frac{\pi(z - w_x)}{2A_x}\right] - \frac{\pi(z - w_x + 3A_x)\Delta w_x}{6A_x^3}\cos\frac{\pi(z - w_x)}{2A_x}\right\}\frac{\mathrm{d}w_x}{\mathrm{d}x}$$

$$v_{z\mathrm{II}} = \frac{\pi v_0(z - w_x + 3A_x)}{3(2 + 3\pi)A_x^2}\left[3A_0 - \Delta w_x \sin\frac{\pi(z - w_x)}{2A_x}\right]\frac{\mathrm{d}w_x}{\mathrm{d}x} + \frac{2v_0}{2 + 3\pi}\cos\frac{\pi(z - w_x)}{2A_x}\frac{\mathrm{d}w_x}{\mathrm{d}x} \qquad (2\text{-}36)$$

根据 Cauchy 方程，Ⅱ区的应变速度场分量为

$$\dot{\varepsilon}_{x\mathrm{II}} = 0$$

$$\dot{\varepsilon}_{y\mathrm{II}} = -\frac{\pi v_0}{(2 + 3\pi)}\left\{\frac{A_0}{A_x^2}\left[1 - \sin\frac{\pi(z - w_x)}{2A_x}\right] - \frac{\pi(z - w_x + 3A_x)\Delta w_x}{6A_x^3}\cos\frac{\pi(z - w_x)}{2A_x}\right\}\frac{\mathrm{d}w_x}{\mathrm{d}x}$$

$$\dot{\varepsilon}_{z\mathrm{II}} = \frac{\pi v_0}{(2 + 3\pi)}\left\{\frac{A_0}{A_x^2}\left[1 - \sin\frac{\pi(z - w_x)}{2A_x}\right] - \frac{\pi(z - w_x + 3A_x)\Delta w_x}{6A_x^3}\cos\frac{\pi(z - w_x)}{2A_x}\right\}\frac{\mathrm{d}w_x}{\mathrm{d}x}$$

$$\dot{\varepsilon}_{xy\mathrm{II}} = \dot{\varepsilon}_{yx\mathrm{II}} = -\frac{\pi v_0 y}{2(2 + 3\pi)}\left\{\left(\frac{\mathrm{d}w_x}{\mathrm{d}x}\right)^2\left[\frac{\pi(z - w_x + 3A_x)(A_0 + A_x + \Delta w_x)}{64A_x^4}\cos\frac{\pi(z - w_x)}{2A_x} - \frac{2A_0}{3A_x^3} + \right.\right.$$

$$\frac{2A_0}{3A_x^3}\sin\frac{\pi(z - w_x)}{2A_x} - \frac{\pi^2(z - w_x + 3A_x)^2\Delta w_x}{36A_x^5}\sin\frac{\pi(z - w_x)}{2A_x}\right] +$$

$$\left\{\frac{A_0}{A_x^2}\left[1 - \sin\frac{\pi(z - w_x)}{2A_x}\right] - \frac{\pi(z - w_x + 3A_x)\Delta w_x}{6A_x^3}\cos\frac{\pi(z - w_x)}{2A_x}\right\}\frac{d^2 w_x}{dx^2}\right\}$$

$$\dot{\varepsilon}_{xz\mathrm{II}} = \dot{\varepsilon}_{zx\mathrm{II}} = \frac{v_0}{2(2 + 3\pi)}\left\{\frac{\pi(z - w_x + 3A_x)}{3}\left(\frac{dw_x}{dx}\right)^2\left[\frac{6A_x + 2\Delta w_x}{3A_x^3}\sin\frac{\pi(z - w_x)}{2A_x} - \frac{2A_0}{A_x^3} + \right.\right.$$

$$\left.\frac{\pi(z - W_x + 3A_x)\Delta w_x}{6A_x^4}\cos\frac{\pi(z - w_x)}{2A_x}\right] + \left\{2\cos\frac{\pi(z - w_x)}{2A_x} + \right.$$

$$\left.\left.\frac{\pi(z - w_x + 3A_x)}{3}\left[\frac{3A_0}{A_x^2} - \frac{\Delta w_x}{A_x^2}\sin\frac{\pi(z - w_x)}{2A_x}\right]\right\}\frac{d^2 w_x}{dx^2}\right\}$$

$$\dot{\varepsilon}_{yz\mathrm{II}} = \dot{\varepsilon}_{zy\mathrm{II}} = -\frac{\pi^2 v_0 y}{4(2 + 3\pi)}\left[-\frac{A_0}{A_x^3}\cos\frac{\pi(z - w_x)}{2A_x} - \frac{\Delta w_x}{3A_x^3}\cos\frac{\pi(z - w_x)}{2A_x} + \right.$$

$$\left.\frac{\pi(z - w_x + 3A_x)\Delta w_x}{6A_x^4}\sin\frac{\pi(z - w_x)}{2A_x}\right]\frac{dw_x}{dx} \tag{2-37}$$

根据式（2-34）和式（2-36）中Ⅰ区和Ⅱ区的速度场可得入口处、出口处、Ⅰ区和Ⅱ区接触处的速度场分量分别为

入口处：

$$v_{y\mathrm{I}}\ \big|_{\substack{x=0 \\ y=0}} = v_{y\mathrm{II}}\ \big|_{\substack{x=0 \\ y=0}} = 0 \tag{2-38}$$

出口处：

$$v_{z\mathrm{II}}\ \big|_{\substack{x=l \\ z=w_1-3A}} = 0,\ v_{y\mathrm{I}}\ \big|_{\substack{x=l \\ y=0}} = v_{y\mathrm{II}}\ \big|_{\substack{x=l \\ y=0}} = 0,\ v_{y\mathrm{I}}\ \big|_{\substack{x=l \\ y=h}} = v_{y\mathrm{II}}\ \big|_{\substack{x=l \\ y=h}} = 0 \tag{2-39}$$

Ⅰ区和Ⅱ区接触处：

$$v_{x\mathrm{I}}\ \big|_{z=w_1-3A} = v_{x\mathrm{II}}\ \big|_{z=w_1-3A} = v_0,\ v_{y\mathrm{I}}\ \big|_{z=w_1-3A} = v_{y\mathrm{II}}\ \big|_{z=w_1-3A} = 0,$$

$$v_{z\mathrm{I}}\ \big|_{z=w_1-3A} = v_{z\mathrm{II}}\ \big|_{z=w_1-3A} = 0 \tag{2-40}$$

由此可得速度场满足速度边界条件。根据式（2-35）和式（2-37）中Ⅰ区和Ⅱ区的应变速率场有

$$\dot{\varepsilon}_{x\mathrm{I}} + \dot{\varepsilon}_{y\mathrm{I}} + \dot{\varepsilon}_{z\mathrm{I}} = 0$$

$$\dot{\varepsilon}_{x\mathrm{II}} + \dot{\varepsilon}_{y\mathrm{II}} + \dot{\varepsilon}_{z\mathrm{II}} = 0 \tag{2-41}$$

由此可得应变速率场满足体积不变条件。则式（2-34）～式（2-37）是满足运动许可条件的速度场和应变速率场。

2.2.3　立轧总功率泛函的数值解

根据刚塑性第一变分原理，若不考虑变形区两端张应力的作用，则相应的总功率泛函 J^* 为

$$J^* = \dot{W}_\mathrm{i} + \dot{W}_\mathrm{f} + \dot{W}_\mathrm{s} \tag{2-42}$$

式中，$\dot{W}_\mathrm{i}$ 为内部塑性变形功率，W；$\dot{W}_\mathrm{f}$ 为摩擦功率，W；$\dot{W}_\mathrm{s}$ 为剪切功率，W。

根据 Mises 屈服条件，变形区的内部塑性变形功率 $\dot{W}_\mathrm{i}$ 为

$$\dot{W}_{\mathrm{i}} = 4 \int_0^l \int_{w_1-3A}^{w_x} \int_0^{h\,\mathrm{II}} \sigma_s \sqrt{\frac{2}{3}} \sqrt{\dot{\varepsilon}_x^2 + \dot{\varepsilon}_y^2 + \dot{\varepsilon}_z^2 + 2\dot{\varepsilon}_{xy}^2 + 2\dot{\varepsilon}_{xz}^2 + 2\dot{\varepsilon}_{yz}^2} \, \mathrm{d}y\mathrm{d}z\mathrm{d}x \quad (2\text{-}43)$$

由式（2-3）、式（2-34）和式（2-36）可得，出口处 $\left.\dfrac{\mathrm{d}w_x}{\mathrm{d}x}\right|_{x=l} = 0$，则

$v_{y\mathrm{I}}|_{x=l} = v_{z\mathrm{I}}|_{x=l} = v_{y\mathrm{II}}|_{x=l} = v_{z\mathrm{II}}|_{x=l} = 0$，不存在速度不连续面，而在入口处存在速度不连续面，则剪切功率 $\dot{W}_{\mathrm{s}}$ 为

$$\dot{W}_{\mathrm{s}} = 4k \int_0^{w_0} \int_0^{h_0} \sqrt{\left(v_y|_{x=0}\right)^2 + \left(v_z|_{x=0}\right)^2} \, \mathrm{d}y\mathrm{d}z \quad (2\text{-}44)$$

摩擦力作用在板坯与立辊接触面 $z = w_x$ 上，根据式（2-36）可求得

$$v_{y\mathrm{II}}|_{z=w_x} = -\frac{\pi v_0 y}{2 + 3\pi}\left(\frac{A_0}{A_x^2} - \frac{\pi\Delta w_x}{2A_x^2}\right)\frac{\mathrm{d}w_x}{\mathrm{d}x} \quad (2\text{-}45)$$

板坯与立辊的切向速度不连续量 Δv_{t} 为

$$\Delta v_{\mathrm{t}} = v_{\mathrm{R}} - \frac{v_0}{\cos\alpha} \quad (2\text{-}46)$$

根据式（2-45）和式（2-46）可得（总）速度不连续量 Δv_{f} 为

$$\Delta v_{\mathrm{f}} = \sqrt{\left(v_{y\mathrm{II}}|_{z=w_x}\right)^2 + \Delta v_{\mathrm{t}}^2} \quad (2\text{-}47)$$

摩擦剪切应力 $\boldsymbol{\tau}_{\mathrm{f}}$ 和速度不连续量 $\Delta\boldsymbol{v}_{\mathrm{f}}$ 在板坯与立辊接触面上为共线向量，图 2-11 为摩擦接触面在垂直轧制平面上的投影，则摩擦功率 $\dot{W}_{\mathrm{f}}$ 为

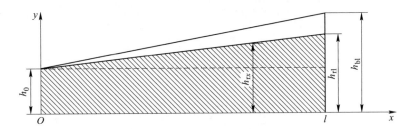

图 2-11　摩擦接触面在垂直轧制平面上的投影

$$\dot{W}_{\mathrm{f}} = 4 \int_0^l \int_0^{h_{rx}} |\boldsymbol{\tau}_{\mathrm{f}}| |\Delta\boldsymbol{v}_{\mathrm{f}}| \cos(\Delta\boldsymbol{v}_{\mathrm{f}}, \, \boldsymbol{\tau}_{\mathrm{f}}) \, \mathrm{d}s$$

$$= 4 \int_0^l \int_0^{h_{rx}} \tau_{\mathrm{f}} |\Delta\boldsymbol{v}_{\mathrm{f}}| \, \mathrm{d}s = 4mk \int_0^l \int_0^{h_{rx}} \sqrt{\left(v_{y\mathrm{II}}|_{z=w_x}\right)^2 + \Delta v_{\mathrm{t}}^2} \, \frac{\mathrm{d}y\mathrm{d}x}{\cos\alpha} \quad (2\text{-}48)$$

式中，$\boldsymbol{\tau}_{\mathrm{f}}$ 为摩擦剪切应力，$\tau_{\mathrm{f}} = mk$，Pa；k 为材料的屈服剪应力，$k = \sigma_s/\sqrt{3}$，Pa；m 为摩擦因子。

将式（2-43）、式（2-44）和式（2-48）代入式（2-42），得到变形区总功率泛函的数值解为

$$J^* = 4\int_0^l \int_{w_1-3A}^{w_x} \int_0^{h_{\mathrm{II}}} \sigma_s \sqrt{\frac{2}{3}} \sqrt{\dot{\varepsilon}_x^2 + \dot{\varepsilon}_y^2 + \dot{\varepsilon}_z^2 + 2\dot{\varepsilon}_{xy}^2 + 2\dot{\varepsilon}_{xz}^2 + 2\dot{\varepsilon}_{yz}^2}\, \mathrm{d}y\mathrm{d}z\mathrm{d}x +$$

$$4mk \int_0^l \int_0^{h_{\mathrm{rx}}} \sqrt{(v_{y\mathrm{II}}\,|_{z=w_x})^2 + \Delta v_t^2}\, \frac{\mathrm{d}y\mathrm{d}x}{\cos\alpha} + 4k \int_0^{w_0} \int_0^{h_0} \sqrt{(v_y\,|_{x=0})^2 + (v_z\,|_{x=0})^2}\, \mathrm{d}y\mathrm{d}z$$

$$= \Phi(\sigma_s, h_0, \Delta w, v_{\mathrm{R}}, R, m, A) \tag{2-49}$$

在材料变形抗力、板坯几何尺寸与压下量、立辊转速与直径以及板坯与立辊之间的摩擦因子确定的情况下，可以得出总功率泛函 J^* 仅为待定常数 A 的函数。采用 Matlab 最优化工具箱，得到总功率泛函 J^* 取得最小值 $J_{\min}^*$ 时 A 的数值解，Matlab 计算流程如图 2-12 所示。相应的轧制力矩 M、轧制力 F 和应力状态影响系数 n_σ 为

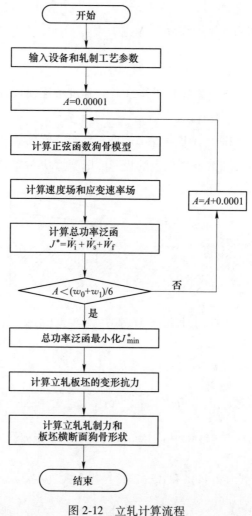

图 2-12　立轧计算流程

$$M = \frac{RJ_{\min}^*}{2v_R}, \quad F = \frac{M}{\chi l}, \quad n_\sigma = \frac{F}{4hlk} \tag{2-50}$$

式中，χ 为粗轧力臂系数，立轧时其值根据文献［4］选取。

将总功率泛函 J^* 取得最小值 $J_{\min}^*$ 时的 A 值代入式（2-8）~式（2-11）和式（2-14），得到狗骨四参数和正弦函数狗骨模型的数值解表达式。应用该方法得到的数值解计算精确可靠，但是计算时间略长，因此亟须得到预测狗骨形状和立轧轧制力的解析解。

2.2.4 立轧总功率泛函的解析解

针对上文各个复杂功率泛函不能积分得到解析解的情况，本节采用 GM 线性屈服准则、中值定理和共线矢量内积的方法，分别求解内部塑性变形功率、剪切功率和摩擦功率，得到立轧总功率泛函的解析解。

2.2.4.1 内部塑性变形功率

采用 GM 线性屈服准则求解内部塑性变形功率，注意到立轧变形时 $\dot{\varepsilon}_{\max} = \dot{\varepsilon}_y$，$\dot{\varepsilon}_{\min} = \dot{\varepsilon}_z$，将其代入式（1-13）中，得到内部塑性变形功率 $\dot{W}_i$ 为

$$\dot{W}_i = \frac{7}{3}\sigma_s \iiint\limits_V (\dot{\varepsilon}_y - \dot{\varepsilon}_z)\,\mathrm{d}V \tag{2-51}$$

将 Ⅰ 区和 Ⅱ 区的应变速率场式（2-35）和式（2-37）以及正弦函数狗骨模型式（2-14）代入式（2-51）可得

$$\dot{W}_{i\mathrm{I}} = 0 \tag{2-52}$$

$$\dot{W}_{i\mathrm{II}} = \frac{7\sigma_s}{3}\int_0^l \int_{w_1-3A}^{w_x} \int_0^{h_{\mathrm{II}}} (\dot{\varepsilon}_{y\mathrm{II}} - \dot{\varepsilon}_{z\mathrm{II}})\,\mathrm{d}y\mathrm{d}z\mathrm{d}x$$

$$= -\frac{14\sigma_s}{3}\frac{\pi v_0 h_0}{(2+3\pi)}\int_{w_0}^{w_1}\left[\frac{(2+3\pi)A_0}{\pi}\frac{1}{A_x} + \frac{(8+9\pi)A_0}{2(2+3\pi)}\frac{\Delta w_x}{A_x^2} - \frac{8+3\pi}{12(2+3\pi)}\frac{\Delta w_x^2}{A_x^2} - \frac{2}{3\pi}\frac{\Delta w_x}{A_x}\right]\mathrm{d}w_x$$

$$= \frac{7\sigma_s v_0 h_0}{6A(2+3\pi)^2}\left[24\pi A(\Delta w + 3A)\ln\frac{\Delta w + 3A}{3A} + 4(4+6\pi+9\pi^2)A\Delta w + (8+15\pi)\pi\Delta w^2\right] \tag{2-53}$$

板坯塑性区宽度由 $\Delta w + 3A$ 减小到了 $3A$，则塑性区的真应变为

$$\varepsilon = -\ln\frac{\Delta w + 3A}{3A} = -\ln\frac{A_0}{A} \tag{2-54}$$

式（2-54）中负号代表板坯压下方向。

内部塑性变形功率 $\dot{W}_i$ 为

$$\dot{W}_i = \dot{W}_{iI} + \dot{W}_{iII}$$

$$= \frac{7\sigma_s v_0 h_0}{6(2+3\pi)^2}\Big[-24\pi(\Delta w + 3A)\varepsilon + 4(4+6\pi+9\pi^2)\Delta w + (8+15\pi)\pi\frac{\Delta w^2}{A}\Big]$$

$$(2-55)$$

从式（2-55）可以得出，在 σ_s、v_0 一定时，内部塑性变形功率是随初始厚度 h_0 增加而增加并与板坯变形中的塑性区宽度、真应变 ε 和绝对压下量 Δw 有关的泛函。

2.2.4.2　剪切功率

为了便于计算得到式（2-44）中剪切功率的解析解，首先对入口横向区域的速度场使用中值定理，Ⅰ区和Ⅱ区的速度场分别为：

Ⅰ区：

$$\bar{v}_{yI} = \bar{v}_{zI} = 0 \tag{2-56}$$

Ⅱ区：

$$\bar{v}_{yII} = \frac{\pi\tan\theta v_0 y}{(2+3\pi)A_0}\frac{\int_{w_0-3A_0}^{w_0}\Big[1 - \sin\frac{\pi(z-w_0)}{2A_0}\Big]\mathrm{d}z}{3A_0} = \frac{\tan\theta v_0 y}{3A_0}$$

$$\bar{v}_{zII} = -\frac{v_0\tan\theta}{(2+3\pi)A_0}\frac{\int_{w_0-3A_0}^{w_0}\Big[\pi(z-w_0+3A_0) + 2A_0\cos\frac{\pi(z-w_0)}{2A_0}\Big]\mathrm{d}z}{3A_0}$$

$$= -\frac{\tan\theta v_0(9\pi^2-8)}{6\pi(2+3\pi)} \tag{2-57}$$

将式（2-56）和式（2-57）代入式（2-44）得到剪切功率 $\dot{W}_s$ 为

$$\dot{W}_s = 4k\int_{w_0-3A_0}^{w_0}\int_0^{h_0}\sqrt{(\bar{v}_{yII})^2 + (\bar{v}_{zII})^2}\,\mathrm{d}y\mathrm{d}z$$

$$= \frac{4k\tan\theta v_0}{3A_0}\int_{w_0-3A_0}^{w_0}\int_0^{h_0}\sqrt{y^2 + (gA_0)^2}\,\mathrm{d}y\mathrm{d}z$$

$$= \frac{2\sigma_s\tan\theta v_0 h_0^2}{\sqrt{3}}\Big[\sqrt{1 + \Big(\frac{gA_0}{h_0}\Big)^2} + \Big(\frac{gA_0}{h_0}\Big)^2\ln\frac{1+\sqrt{1+(gA_0/h_0)^2}}{gA_0/h_0}\Big] \tag{2-58}$$

其中

$$g = \frac{9\pi^2-8}{2\pi(2+3\pi)}$$

从式（2-58）可以得出，在 σ_s、v_0 一定时，剪切功率是随初始厚度 h_0、咬入角 θ 和 A_0/h_0 的增加而增加的泛函。

2.2.4.3　摩擦功率

为了得到摩擦功率的解析解，首先在积分区域上采用中值定理求解式（2-45）和式（2-46）中 Δv_t、h_r 和 v_{yII} 的均值，如式（2-59）~式（2-61）所示。

$$\Delta \bar{v}_t = \frac{\int_\theta^0 \left(v_R - \frac{v_0}{\cos\alpha}\right) d\alpha}{-\theta} = v_R - \frac{v_0}{2\theta}\ln\frac{R+l}{R-l} \tag{2-59}$$

$$\bar{h}_r = \frac{h_{rl} + h_0}{2} = h_0 + \frac{\pi h_0 \Delta w}{2(2+3\pi)A} \tag{2-60}$$

$$\bar{v}_{y\text{II}} = \frac{1}{l\bar{h}_r}\int_0^l\int_0^{\bar{h}_r}(v_{y\text{II}}\mid_{z=w_x})dydx = -\frac{\pi v_0 \bar{h}_r}{4(2+3\pi)l}\left[9\pi\varepsilon + \frac{(3\pi-2)\Delta w}{A}\right] \tag{2-61}$$

采用共线矢量内积的方法求解式（2-48）中摩擦功率 $\dot{W}_f$ 为

$$\dot{W}_f = 4\int_0^l\int_0^{h_{rx}}\tau_f|\Delta\boldsymbol{v}_f|ds = 4\int_0^l\int_0^{h_{rx}}|\boldsymbol{\tau}_f||\Delta\boldsymbol{v}_f|\cos(\Delta\boldsymbol{v}_f,\ \boldsymbol{\tau}_f)ds = 4\int_0^l\int_0^{h_{rx}}\Delta\boldsymbol{v}_f\boldsymbol{\tau}_f ds$$

$$= \frac{4m\sigma_s\bar{h}_r R\theta}{\sqrt{3}}\{\Delta\bar{v}_t[1+(\bar{v}_{y\text{II}}/\Delta\bar{v}_t)^2]^{-1/2} + \bar{v}_{y\text{II}}[1+(\Delta\bar{v}_t/\bar{v}_{y\text{II}})^2]^{-1/2}\} \tag{2-62}$$

从式（2-62）可以得出，在 σ_s、v_0 一定时，摩擦功率是随初始厚度 h_0 和摩擦因子 m 的增加而增加并与立辊半径 R、咬入角 θ 和绝对压下量有关的泛函。

2.2.4.4 总功率泛函

将式（2-55）、式（2-58）和式（2-62）代入式（2-42），得到立轧变形区总功率泛函解析解的表达式为

$$J^* = \frac{7\sigma_s v_0 h_0}{6(2+3\pi)^2}\left[-24\pi(\Delta w + 3A)\varepsilon + 4(4+6\pi+9\pi^2)\Delta w + (8+15\pi)\pi\frac{\Delta w^2}{A}\right] +$$

$$\frac{2\sigma_s\tan\theta v_0 h_0^2}{\sqrt{3}}\left[\sqrt{1+\left(\frac{gA_0}{h_0}\right)^2} + \left(\frac{gA_0}{h_0}\right)^2\ln\frac{1+\sqrt{1+(gA_0/h_0)^2}}{gA_0/h_0}\right] +$$

$$\frac{4m\sigma_s\bar{h}_r R\theta}{\sqrt{3}}\{\Delta\bar{v}_t[1+(\bar{v}_{y\text{II}}/\Delta\bar{v}_t)^2]^{-1/2} + \bar{v}_{y\text{II}}[1+(\Delta\bar{v}_t/\bar{v}_{y\text{II}})^2]^{-1/2}\} \tag{2-63}$$

将总功率泛函 J^* 对任意的 A 求导，并令导数等于零，可以求出 J^* 的最小值 $J^*_{\min}$ 和对应的 A 值，如式（2-64）所示。

$$\frac{dJ^*}{dA} = \frac{d\dot{W}_i}{dA} + \frac{d\dot{W}_s}{dA} + \frac{d\dot{W}_f}{dA} = 0 \tag{2-64}$$

由式（2-55）、式（2-58）和式（2-62）可以得到内部塑性变形功率、剪切功率和摩擦功率的导数分别为

$$\frac{d\dot{W}_i}{dA} = -\frac{7\pi\sigma_s v_0 h_0}{(2+3\pi)^2}\left[\frac{8+15\pi}{6}\left(\frac{\Delta w}{A}\right)^2 + 4\frac{\Delta w}{A} + 12\varepsilon\right] \tag{2-65}$$

$$\frac{\mathrm{d}\dot{W}_s}{\mathrm{d}A} = \frac{4\sigma_s\tan\theta v_0 g^2 A_0}{\sqrt{3}}\ln\frac{1 + \sqrt{1 + (gA_0/h_0)^2}}{gA_0/h_0} \tag{2-66}$$

$$\frac{\mathrm{d}\dot{W}_f}{\mathrm{d}A} = -\frac{2\pi m\sigma_s h_0\Delta wR\theta}{(2 + 3\pi)\sqrt{3}A^2}\sqrt{\overline{v}_{y\mathrm{II}}^2 + \Delta\overline{v}_t^2} -$$

$$\frac{4m\sigma_s\overline{h}_r\Delta wR\theta\overline{v}_{y\mathrm{II}}^2}{\sqrt{3}A\sqrt{\overline{v}_{y\mathrm{II}}^2 + \Delta\overline{v}_t^2}}\left\{\frac{\pi h_0}{2(2 + 3\pi)\overline{h}_r A} + \frac{3\pi\Delta w - 2A_0}{[(3\pi - 2)\Delta w + 9\pi\varepsilon A]A_0}\right\} \tag{2-67}$$

最终，根据式（2-50）和式（2-14）得到了立轧过程中轧制力等力能参数和狗骨形状参数的解析解。

2.3　双流函数法在立轧三次曲线狗骨模型的应用

第 2.2 节解析立轧过程中采用了平面变形假设条件，即立轧过程中压下变形的金属只能流向厚度方向，但是该假设对模型精度会有一定的影响。本节提出了三次曲线狗骨模型，考虑变形金属沿轧制方向的流动，根据双流函数性质建立了立轧三维变形的速度场和应变速率场，得出立轧时的总功率泛函、轧制力和狗骨形状参数的数值解和解析解。

2.3.1　三次曲线狗骨数学模型的构建

本节采用第 2.2 节所建立的坐标系及其参数建立了三次曲线狗骨数学模型，如图 2-13 所示。

同样为了方便描述板坯的半厚度 $h = h(x, z)$，将立轧变形区沿宽度方向分为 I 区、II 区和 III 区三段，其中 I 区为狗骨茎区，II 区和 III 区为狗骨头区，将狗骨头区（II 区和 III 区）沿宽度方向等分为长度为 A_x 三部分，则三次曲线狗骨模型表达式为

I 区（$0 < z < w_x - 3A_x$），半厚度 $h_I = h_I(x, z)$ 为

$$h_I = h_0 \tag{2-68}$$

II 区（$w_x - 3A_x < z < w_x - A_x$），半厚度 $h_{II} = h_{II}(x, z)$ 为

$$h_{II} = h_0 + \frac{3\beta h_0\Delta w_x}{2A_x^3}(z - w_x + 3A_x)^2 - \frac{\beta h_0\Delta w_x}{2A_x^4}(z - w_x + 3A_x)^3$$

$$= h_0 + \frac{3N_x}{2A_x^2}(z - w_x + 3A_x)^2 - \frac{N_x}{2A_x^3}(z - w_x + 3A_x)^3 \tag{2-69}$$

III 区（$w_x - A_x < z < w_x$），半厚度 $h_{III} = h_{III}(x, z)$ 为

$$h_{III} = h_0 + \frac{2\beta h_0\Delta w_x}{A_x} - \frac{3\beta h_0\Delta w_x}{2A_x^3}(z - w_x + A_x)^2 + \frac{\beta h_0\Delta w_x}{2A_x^4}(z - w_x + A_x)^3$$

$$= h_0 + 2N_x - \frac{3N_x}{2A_x^2}(z - w_x + A_x)^2 + \frac{N_x}{2A_x^3}(z - w_x + A_x)^3 \qquad (2-70)$$

式中，N_x 为狗骨截面高度参数，$N_x = \frac{\beta h_0 \Delta w_x}{A_x} = \frac{\beta h_0 (w_0 - w_x)}{A_x}$ ，m；β 为待定常数。

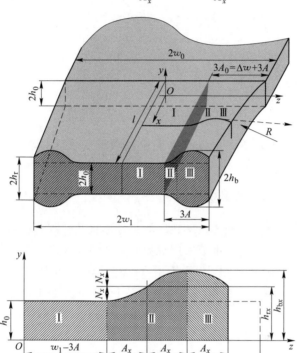

图 2-13 三次曲线狗骨模型示意图

由式（2-69）和式（2-70）可以看出，Ⅱ区左侧部分与右侧部分三次曲线狗骨函数关于 $z = w_x - 2A_x$ 呈反对称关系，Ⅱ区右侧部分与Ⅲ区部分三次曲线狗骨函数关于 $z = w_x - A_x$ 呈对称关系。因此狗骨茎区为刚性区，狗骨头区为塑性区。立轧变形区中的狗骨四参数表达式分别为

$$h_{\mathrm{bx}} = h_0 + 2N_x \qquad (2-71)$$

$$h_{\mathrm{rx}} = h_0 + N_x \qquad (2-72)$$

$$l_{\mathrm{px}} = A_x \qquad (2-73)$$

$$l_{\mathrm{cx}} = 3A_x \qquad (2-74)$$

三次曲线狗骨模型满足的边界条件如下。

$$h_{\mathrm{I}}(0, z) = h_{\mathrm{II}}(0, z) = h_{\mathrm{III}}(0, z) = h_0 \qquad (2-75)$$

$$h_{\mathrm{I}}(x, w_x - 3A_x) = h_{\mathrm{II}}(x, w_x - 3A_x) = h_0 \qquad (2\text{-}76)$$

$$h_{\mathrm{II}}(x, w_x - A_x) = h_{\mathrm{III}}(x, w_x - A_x) \qquad (2\text{-}77)$$

$$\left. \frac{\partial h_{\mathrm{I}}(x, z)}{\partial z} \right|_{z = w_x - 3A_x} = \left. \frac{\partial h_{\mathrm{II}}(x, z)}{\partial z} \right|_{z = w_x - 3A_x} = 0 \qquad (2\text{-}78)$$

$$\left. \frac{\partial h_{\mathrm{II}}(x, z)}{\partial z} \right|_{z = w_x - A_x} = \left. \frac{\partial h_{\mathrm{III}}(x, z)}{\partial z} \right|_{z = w_x - A_x} = 0 \qquad (2\text{-}79)$$

$$h_{\mathrm{III}}(l, w_1 - A) = h_0 + \frac{2\beta h_0 \Delta w}{A} = h_{\mathrm{bl}} \qquad (2\text{-}80)$$

$$h_{\mathrm{III}}(l, w_1) = h_0 + \frac{\beta h_0 \Delta w}{A} = h_{\mathrm{rl}} \qquad (2\text{-}81)$$

式中，A 和 β 为待定常数，可以通过能量法求解变形区总功率泛函的最小值来确定。

2.3.2 双流函数法建立立轧速度场

为了能够采用能量法预测板坯轧后的狗骨形状及轧制时所需的轧制力，首先需要建立变形区的速度场。本节采用双流函数法建立满足立轧变形区变形情况的三维速度场。双流函数法是 1957 年由 Yih[5] 研究流体力学时提出，已经在环轧[6]、挤压[7]、拉拔[8]、镦粗[9]、柱坐标系下的平轧[10] 和 V 型断面轧制[11] 等方面得到了广泛应用。

2.3.2.1　Ⅰ区速度场和应变速率场

假设狗骨茎区为刚性区，则 Ⅰ 区的速度场分量为

$$v_{x\mathrm{I}} = v_0, \; v_{y\mathrm{I}} = v_{z\mathrm{I}} = 0 \qquad (2\text{-}82)$$

Ⅰ 区的应变速率场分量为

$$\dot{\varepsilon}_{x\mathrm{I}} = \dot{\varepsilon}_{y\mathrm{I}} = \dot{\varepsilon}_{z\mathrm{I}} = \dot{\varepsilon}_{xy\mathrm{I}} = \dot{\varepsilon}_{yx\mathrm{I}} = \dot{\varepsilon}_{xz\mathrm{I}} = \dot{\varepsilon}_{zx\mathrm{I}} = \dot{\varepsilon}_{yz\mathrm{I}} = \dot{\varepsilon}_{zy\mathrm{I}} = 0 \qquad (2\text{-}83)$$

根据 Yih[5] 介绍的双流函数速度场概念，一个不可压缩体的 3 个未知的速度场分量可以由两个未知的流函数来表示。轧制变形问题在解析时通常假定轧件是不可压缩的、满足体积不变条件，其速度场是一个无源场，因此变形区的 3 个速度场分量可以表示为

$$
\begin{aligned}
v_x &= \frac{\partial \phi}{\partial y} \frac{\partial \psi}{\partial z} - \frac{\partial \phi}{\partial z} \frac{\partial \psi}{\partial y} \\
v_y &= \frac{\partial \phi}{\partial z} \frac{\partial \psi}{\partial x} - \frac{\partial \phi}{\partial x} \frac{\partial \psi}{\partial z} \\
v_z &= \frac{\partial \phi}{\partial x} \frac{\partial \psi}{\partial y} - \frac{\partial \phi}{\partial y} \frac{\partial \psi}{\partial x}
\end{aligned}
\qquad (2\text{-}84)
$$

式中，v_x、v_y、v_z 分别为坐标系中 x、y、z 方向的速度分量，m/s；ϕ 和 ψ 为流函

数，$\phi =$ 常数和 $\psi =$ 常数时给出流面，流面的交线便是流线[12]。

根据立轧的变形特点，流函数 ϕ 表示 Ⅱ 区和 Ⅲ 区中变形金属在 x-z 面（轧制面）上的流动，如式（2-85）所示。

$$\phi = -\frac{U(z - w_1 + 3A)}{3A_x} \tag{2-85}$$

式中，U 为秒流量，$U = 3v_0 h_0 A_0$，m^3/s。

流函数 ψ_{II} 表示 Ⅱ 区中变形金属在 x-y 面（厚度面）上的流动，如式（2-86）所示。

$$\psi_{\mathrm{II}} = \frac{y}{h_{\mathrm{II}}} \tag{2-86}$$

流函数 ψ_{III} 表示 Ⅲ 区中变形金属在 x-y 面（厚度面）上的流动，如式（2-87）所示。

$$\psi_{\mathrm{III}} = \frac{y}{h_{\mathrm{III}}} \tag{2-87}$$

2.3.2.2 Ⅱ 区速度场和应变速率场

根据第 2.3.2.1 节建立的流函数，将式（2-85）和式（2-86）代入式（2-84），得到 Ⅱ 区的速度场分量为

$$v_{x\mathrm{II}} = \frac{U}{3A_x h_{\mathrm{II}}}$$

$$v_{y\mathrm{II}} = -\frac{Uy}{3A_x}\frac{\partial}{\partial x}\left(\frac{1}{h_{\mathrm{II}}}\right) + \frac{U(z - w_1 + 3A)y}{3}\frac{\partial}{\partial x}\left(\frac{1}{A_x}\right)\frac{\partial}{\partial z}\left(\frac{1}{h_{\mathrm{II}}}\right)$$

$$= \frac{U\alpha h_0 A_x'(z - w_x + 3A_x)^2 y}{6A_x^4 h_{\mathrm{II}}^2}\left[\left(\frac{3}{A_x} + \frac{\Delta w_x}{A_x^2}\right)(z - w_x + 3A_x) - 9 - \frac{3\Delta w_x}{A_x}\right]$$

$$v_{z\mathrm{II}} = -\frac{U(z - w_1 + 3A)}{3h_{\mathrm{II}}}\frac{\partial}{\partial x}\left(\frac{1}{A_x}\right) = \frac{U(z - w_x + 3A_x)A_x'}{3A_x^2 h_{\mathrm{II}}}$$

$$\tag{2-88}$$

根据 Cauchy 方程，Ⅱ 区的应变速率场分量为

$$\dot{\varepsilon}_{x\mathrm{II}} = \frac{\partial v_{x\mathrm{II}}}{\partial x} = -\frac{U}{3A_x h_{\mathrm{II}}^2}\frac{\partial h_{\mathrm{II}}}{\partial x} - \frac{UA_x'}{3A_x^2 h_{\mathrm{II}}}$$

$$\dot{\varepsilon}_{y\mathrm{II}} = \frac{\partial v_{y\mathrm{II}}}{\partial y} = \frac{U}{3A_x h_{\mathrm{II}}^2}\frac{\partial h_{\mathrm{II}}}{\partial x} + \frac{U(z - w_1 + 3A)A_x'}{3A_x^2 h_{\mathrm{II}}^2}\frac{\partial h_{\mathrm{II}}}{\partial z}$$

$$\dot{\varepsilon}_{z\mathrm{II}} = \frac{\partial v_{z\mathrm{II}}}{\partial z} = \frac{UA_x'}{3A_x^2 h_{\mathrm{II}}} - \frac{U(z - w_1 + 3A)A_x'}{3A_x^2 h_{\mathrm{II}}^2}\frac{\partial h_{\mathrm{II}}}{\partial z}$$

$$\dot{\varepsilon}_{xy\mathrm{II}} = \frac{1}{2}\left(\frac{\partial v_{x\mathrm{II}}}{\partial y} + \frac{\partial v_{y\mathrm{II}}}{\partial x}\right) = \frac{Uy}{6A_x^2 h_{\mathrm{II}}^3}\left\{A_x h_{\mathrm{II}}\frac{\partial^2 h_{\mathrm{II}}}{\partial x^2} - A_x' h_{\mathrm{II}}\frac{\partial h_{\mathrm{II}}}{\partial x} - 2A_x\left(\frac{\partial h_{\mathrm{II}}}{\partial x}\right)^2 + \right.$$

$$(z - w_1 + 3A) \left[h_{\text{II}} \left(A_x' \frac{\partial^2 h_{\text{II}}}{\partial z \partial x} + A_x'' \frac{\partial h_{\text{II}}}{\partial z} \right) - 2A_x' \left(\frac{A_x' h_{\text{II}}}{A_x} + \frac{\partial h_{\text{II}}}{\partial x} \right) \frac{\partial h_{\text{II}}}{\partial z} \right] \Big\}$$

$$\dot{\varepsilon}_{xz\text{II}} = \frac{1}{2} \left(\frac{\partial v_{x\text{II}}}{\partial z} + \frac{\partial v_{z\text{II}}}{\partial x} \right) = \frac{U}{6A_x h_{\text{II}}^2} \Big\{ - \frac{\partial h_{\text{II}}}{\partial z} + (z - w_1 + 3A) \left[\frac{A_x'' h_{\text{II}}}{A_x} - \right.$$

$$\left. \frac{A_x'}{A_x^2} \left(2A_x' h_{\text{II}} + A_x \frac{\partial h_{\text{II}}}{\partial x} \right) \right] \Big\}$$

$$\dot{\varepsilon}_{yz\text{II}} = \frac{1}{2} \left(\frac{\partial v_{y\text{II}}}{\partial z} + \frac{\partial v_{z\text{II}}}{\partial y} \right)$$

$$= \frac{Uy}{6A_x h_{\text{II}}^3} \Big\{ h_{\text{II}} \frac{\partial^2 h_{\text{II}}}{\partial x \partial z} - 2 \frac{\partial h_{\text{II}}}{\partial x} \frac{\partial h_{\text{II}}}{\partial z} + \frac{A_x'}{A_x} \Big\{ h_{\text{II}} \frac{\partial h_{\text{II}}}{\partial z} + (z - w_1 + 3A) \left[h_{\text{II}} \frac{\partial^2 h_{\text{II}}}{\partial z^2} - \right.$$

$$\left. 2 \left(\frac{\partial h_{\text{II}}}{\partial z} \right)^2 \right] \Big\} \Big\} \tag{2-89}$$

式中，A_x' 和 A_x'' 分别为 A_x 的一阶导数和二阶导数，$A_x' = \dfrac{dA_x}{dx} = \dfrac{dw_x}{3dx} = \dfrac{w_x'}{3}$，$A_x'' = \dfrac{dA_x'}{dx}$；

$\dfrac{\partial h_{\text{II}}}{\partial x}$ 和 $\dfrac{\partial h_{\text{II}}}{\partial z}$ 分别为 h_{II} 对 y 和 z 的一阶偏导数，$\dfrac{\partial h_{\text{II}}}{\partial x} = \dfrac{\beta h_0 A_x'}{2A_x^3} (z - w_x + 3A_x)^2$

$\left[\left(\dfrac{3}{A_x} + \dfrac{4\Delta w_x}{A_x^2} \right) (z - w_x + 3A_x) - 9 - \dfrac{9\Delta w_x}{A_x} \right]$；$\dfrac{\partial h_{\text{II}}}{\partial z} = \dfrac{3\beta h_0 \Delta w_x}{A_x^3}(z - w_x + 3A_x) -$

$\dfrac{3\beta h_0 \Delta w_x}{2A_x^4} (z - w_x + 3A_x)^2$。

2.3.2.3　Ⅲ区速度场和应变速率场

根据建立的流函数，将式（2-85）和式（2-87）代入式（2-84），得到Ⅲ区的速度场分量为

$$v_{x\text{III}} = \frac{U}{3A_x h_{\text{III}}}$$

$$v_{y\text{III}} = - \frac{Uy}{3A_x} \frac{\partial}{\partial x} \left(\frac{1}{h_{\text{III}}} \right) + \frac{U(z - w_1 + 3A)y}{3} \frac{\partial}{\partial x} \left(\frac{1}{A_x} \right) \frac{\partial}{\partial z} \left(\frac{1}{h_{\text{III}}} \right)$$

$$= \frac{\beta h_0 A_x' Uy}{3A_x^3 h_{\text{III}}^2} \Big\{ \frac{3\Delta w_x}{A_x} \left(2 - \frac{z - w_1 + 3A}{A_x} \right) (z - w_x + A_x) - \frac{3A_x + 4\Delta w_x}{2A_x^3} (z - w_x + A_x)^3 +$$

$$\frac{3}{2A_x^2} \left[3A_x + \Delta w_x + \frac{\Delta w_x}{A_x}(z - w_1 + 3A) \right] (z - w_x + A_x)^2 - 6A_0 \Big\} \tag{2-90}$$

$$v_{z\text{III}} = - \frac{U(z - w_1 + 3A)}{3h_{\text{III}}} \frac{\partial}{\partial x} \left(\frac{1}{A_x} \right) = \frac{U(z - w_1 + 3A)A_x'}{3A_x^2 h_{\text{III}}}$$

根据 Cauchy 方程，Ⅲ 区的应变速率场分量为

$$\dot{\varepsilon}_{x\text{Ⅲ}} = \frac{\partial v_{x\text{Ⅲ}}}{\partial x} = -\frac{U}{3A_x h_{\text{Ⅲ}}^2}\frac{\partial h_{\text{Ⅲ}}}{\partial x} - \frac{UA_x'}{3A_x^2 h_{\text{Ⅲ}}}$$

$$\dot{\varepsilon}_{y\text{Ⅲ}} = \frac{\partial v_{y\text{Ⅲ}}}{\partial y} = \frac{U}{3A_x h_{\text{Ⅲ}}^2}\frac{\partial h_{\text{Ⅲ}}}{\partial x} + \frac{U(z - w_1 + 3A)A_x'}{3A_x^2 h_{\text{Ⅲ}}^2}\frac{\partial h_{\text{Ⅲ}}}{\partial z}$$

$$\dot{\varepsilon}_{z\text{Ⅲ}} = \frac{\partial v_{z\text{Ⅲ}}}{\partial z} = \frac{UA_x'}{3A_x^2 h_{\text{Ⅲ}}} - \frac{U(z - w_1 + 3A)A_x'}{3A_x^2 h_{\text{Ⅲ}}^2}\frac{\partial h_{\text{Ⅲ}}}{\partial z}$$

$$\dot{\varepsilon}_{xy\text{Ⅲ}} = \frac{1}{2}\left(\frac{\partial v_{x\text{Ⅲ}}}{\partial y} + \frac{\partial v_{y\text{Ⅲ}}}{\partial x}\right) = \frac{Uy}{6A_x^2 h_{\text{Ⅲ}}^3}\left\{A_x h_{\text{Ⅲ}}\frac{\partial^2 h_{\text{Ⅲ}}}{\partial x^2} - A_x' h_{\text{Ⅲ}}\frac{\partial h_{\text{Ⅲ}}}{\partial x} - 2A_x\left(\frac{\partial h_{\text{Ⅲ}}}{\partial x}\right)^2 + \right.$$

$$\left. (z - w_1 + 3A)\left[h_{\text{Ⅲ}}\left(A_x'\frac{\partial^2 h_{\text{Ⅲ}}}{\partial z\partial x} + A_x''\frac{\partial h_{\text{Ⅲ}}}{\partial z}\right) - 2A_x'\left(\frac{A_x' h_{\text{Ⅲ}}}{A_x} + \frac{\partial h_{\text{Ⅲ}}}{\partial x}\right)\frac{\partial h_{\text{Ⅲ}}}{\partial z}\right]\right\}$$

$$\dot{\varepsilon}_{xz\text{Ⅲ}} = \frac{1}{2}\left(\frac{\partial v_{x\text{Ⅲ}}}{\partial z} + \frac{\partial v_{z\text{Ⅲ}}}{\partial x}\right) = \frac{U}{6A_x h_{\text{Ⅲ}}^2}\left\{-\frac{\partial h_{\text{Ⅲ}}}{\partial z} + (z - w_1 + 3A)\left[\frac{A_x'' h_{\text{Ⅲ}}}{A_x} - \frac{A_x'}{A_x^2}\left(2A_x' h_{\text{Ⅲ}} + A_x\frac{\partial h_{\text{Ⅲ}}}{\partial x}\right)\right]\right\}$$

$$\dot{\varepsilon}_{yz\text{Ⅲ}} = \frac{1}{2}\left(\frac{\partial v_{y\text{Ⅲ}}}{\partial z} + \frac{\partial v_{z\text{Ⅲ}}}{\partial y}\right) = \frac{Uy}{6A_x h_{\text{Ⅲ}}^3}\left\{h_{\text{Ⅲ}}\frac{\partial^2 h_{\text{Ⅲ}}}{\partial x\partial z} - 2\frac{\partial h_{\text{Ⅲ}}}{\partial x}\frac{\partial h_{\text{Ⅲ}}}{\partial z} + \frac{A_x'}{A_x}\right.$$

$$\left.\left\{h_{\text{Ⅲ}}\frac{\partial h_{\text{Ⅲ}}}{\partial z} + (z - w_1 + 3A)\left[h_{\text{Ⅲ}}\frac{\partial^2 h_{\text{Ⅲ}}}{\partial z^2} - 2\left(\frac{\partial h_{\text{Ⅲ}}}{\partial z}\right)^2\right]\right\}\right\}$$

$$(2\text{-}91)$$

式中，$\dfrac{\partial h_{\text{Ⅲ}}}{\partial x}$ 和 $\dfrac{\partial h_{\text{Ⅲ}}}{\partial z}$ 分别为 $h_{\text{Ⅲ}}$ 对 y 和 z 的一阶偏导数，$\dfrac{\partial h_{\text{Ⅲ}}}{\partial x} = -\dfrac{6\beta h_0 A_0 A_x'}{A_x^2} + \dfrac{\beta h_0 A_x'}{2A_x^3}(z - w_x + $

$A_x)\left[12\Delta w_x + \dfrac{9A_x + 3\Delta w_x}{A_x}(z - w_x + A_x) - \dfrac{3A_x + 4\Delta w_x}{A_x^2}(z - w_x + A_x)^2\right]$ ；　　$\dfrac{\partial h_{\text{Ⅲ}}}{\partial z} = $

$\dfrac{3\beta h_0 \Delta w_x}{2A_x^4}(z - w_x + A_x)^2 - \dfrac{3\beta h_0 \Delta w_x}{A_x^3}(z - w_x + A_x)$ 。

根据式（2-82）、式（2-88）和式（2-90）中Ⅰ区、Ⅱ区和Ⅲ区的速度场可得入口处、出口处、Ⅰ区和Ⅱ区接触处以及Ⅱ区和Ⅲ区接触处的边界条件分别为

入口处：

$$v_{y\text{Ⅰ}}\big|_{\substack{x=0\\y=0}} = v_{y\text{Ⅱ}}\big|_{\substack{x=0\\y=0}} = v_{y\text{Ⅲ}}\big|_{\substack{x=0\\y=0}} = 0 \tag{2-92}$$

出口处：

$$v_{y\text{Ⅰ}}\big|_{\substack{x=l\\y=0}} = v_{y\text{Ⅱ}}\big|_{\substack{x=l\\y=0}} = v_{y\text{Ⅲ}}\big|_{\substack{x=l\\y=0}} = 0, \quad v_{y\text{Ⅰ}}\big|_{\substack{x=l\\y=h}} = v_{y\text{Ⅱ}}\big|_{\substack{x=l\\y=h}} = v_{y\text{Ⅲ}}\big|_{\substack{x=l\\y=h}} = 0,$$

$$v_{z\text{Ⅱ}}\big|_{\substack{x=l\\z=w_1-3A}} = v_{z\text{Ⅲ}}\big|_{\substack{x=l\\z=w_1-3A}} = 0 \tag{2-93}$$

Ⅰ区和Ⅱ区接触处：

$$v_{x\text{Ⅰ}}\big|_{z=w_1-3A} = v_{x\text{Ⅱ}}\big|_{z=w_1-3A} = v_0, \quad v_{y\text{Ⅰ}}\big|_{z=w_1-3A} = v_{y\text{Ⅱ}}\big|_{z=w_1-3A} = 0,$$

$$v_{z\text{Ⅰ}}\big|_{z=w_1-3A} = v_{z\text{Ⅱ}}\big|_{z=w_1-3A} = 0 \tag{2-94}$$

Ⅱ区和Ⅲ区接触处：

$$v_{x\,Ⅱ}\,|_{z=w_x-A_x} = v_{x\,Ⅲ}\,|_{z=w_x-A_x}, \quad v_{y\,Ⅱ}\,|_{z=w_x-A_x} = v_{y\,Ⅲ}\,|_{z=w_x-A_x}, \quad v_{z\,Ⅱ}\,|_{z=w_x-A_x} = v_{z\,Ⅲ}\,|_{z=w_x-A_x}$$
$$(2\text{-}95)$$

由此可得速度场满足速度边界条件。根据式（2-83）、式（2-89）和式（2-91）中Ⅰ区、Ⅱ区和Ⅲ区的应变速率场可得

$$\dot{\varepsilon}_{x\,Ⅰ} + \dot{\varepsilon}_{y\,Ⅰ} + \dot{\varepsilon}_{z\,Ⅰ} = 0, \quad \dot{\varepsilon}_{x\,Ⅱ} + \dot{\varepsilon}_{y\,Ⅱ} + \dot{\varepsilon}_{z\,Ⅱ} = 0, \quad \dot{\varepsilon}_{x\,Ⅲ} + \dot{\varepsilon}_{y\,Ⅲ} + \dot{\varepsilon}_{z\,Ⅲ} = 0 \quad (2\text{-}96)$$

由此可得应变速率场满足体积不变条件，式（2-82）~式（2-91）是满足运动许可条件的速度场和应变速率场。

2.3.3　立轧总功率泛函的数值解

根据 Mises 屈服条件，变形区的内部塑性变形功率 $\dot{W}_i$ 为

$$\dot{W}_i = \int_V \overline{\sigma}\,\dot{\overline{\varepsilon}}\,\mathrm{d}V = 4\int_0^l \int_{w_x-3A_x}^{w_x-A_x} \int_0^{h_Ⅱ} \sigma_s \sqrt{\frac{2}{3}}\sqrt{\dot{\varepsilon}_{x\,Ⅱ}^2 + \dot{\varepsilon}_{y\,Ⅱ}^2 + \dot{\varepsilon}_{z\,Ⅱ}^2 + 2\dot{\varepsilon}_{xy\,Ⅱ}^2 + 2\dot{\varepsilon}_{xz\,Ⅱ}^2 + 2\dot{\varepsilon}_{yz\,Ⅱ}^2}\,\mathrm{d}y\mathrm{d}z\mathrm{d}x\,+$$
$$4\int_0^l \int_{w_x-A_x}^{w_x} \int_0^{h_Ⅲ} \sigma_s \sqrt{\frac{2}{3}}\sqrt{\dot{\varepsilon}_{x\,Ⅲ}^2 + \dot{\varepsilon}_{y\,Ⅲ}^2 + \dot{\varepsilon}_{z\,Ⅲ}^2 + 2\dot{\varepsilon}_{xy\,Ⅲ}^2 + 2\dot{\varepsilon}_{xz\,Ⅲ}^2 + 2\dot{\varepsilon}_{yz\,Ⅲ}^2}\,\mathrm{d}y\mathrm{d}z\mathrm{d}x \quad (2\text{-}97)$$

由式（2-3）、式（2-82）、式（2-88）和式（2-90）可知，仅在Ⅱ区和Ⅲ区入口处存在速度不连续量，则入口剪切功率 $\dot{W}_s$ 为

$$\dot{W}_s = \int_S k\,|\Delta v_s|\,\mathrm{d}S$$
$$= 4k\int_{w_0-3A_0}^{w_0-A_0} \int_0^{h_0} \sqrt{(v_{y\,Ⅱ}\,|_{x=0})^2 + (v_{z\,Ⅱ}\,|_{x=0})^2}\,\mathrm{d}y\mathrm{d}z\,+$$
$$4k\int_{w_0-A_0}^{w_0} \int_0^{h_0} \sqrt{(v_{y\,Ⅲ}\,|_{x=0})^2 + (v_{z\,Ⅲ}\,|_{x=0})^2}\,\mathrm{d}y\mathrm{d}z \quad (2\text{-}98)$$

摩擦力作用在板坯与立辊接触面上，则板坯与立辊的切向速度不连续量为

$$\Delta v_t = v_R - \frac{v_{x\,Ⅲ}}{\cos\alpha} \quad (2\text{-}99)$$

板坯与立辊速度不连续量为

$$\Delta v_f = \sqrt{(v_{y\,Ⅲ}\,|_{z=w_x})^2 + (\Delta v_t\,|_{z=w_x})^2} \quad (2\text{-}100)$$

接触面上的摩擦功率 $\dot{W}_f$ 为

$$\dot{W}_f = 4\int_0^l \int_0^{h_{rx}} |\boldsymbol{\tau}_f|\,|\Delta\boldsymbol{v}_f|\cos(\Delta\boldsymbol{v}_f, \boldsymbol{\tau}_f)\,\mathrm{d}s = 4\int_0^l \int_0^{h_{rx}} \tau_f\,|\Delta v_f|\,\mathrm{d}s$$
$$= 4mk\int_0^l \int_0^{h_{rx}} \sqrt{(v_{y\,Ⅲ}\,|_{z=w_x})^2 + (\Delta v_t\,|_{z=w_x})^2}\,\frac{\mathrm{d}y\mathrm{d}x}{\cos\alpha} \quad (2\text{-}101)$$

将式（2-43）、式（2-44）和式（2-48）代入 $J^* = \dot{W}_i + \dot{W}_s + \dot{W}_f$，得到总功率泛函数值解为

$$J^* = 4\sqrt{\frac{2}{3}}\sigma_s \int_0^l \int_{w_x-3A_x}^{w_x-A_x} \int_0^{h_{II}} \sqrt{\dot{\varepsilon}_{x\,II}^2 + \dot{\varepsilon}_{y\,II}^2 + \dot{\varepsilon}_{z\,II}^2 + 2\dot{\varepsilon}_{xy\,II}^2 + 2\dot{\varepsilon}_{xz\,II}^2 + 2\dot{\varepsilon}_{yz\,II}^2}\,\mathrm{d}y\mathrm{d}z\mathrm{d}x \,+$$

$$4\sqrt{\frac{2}{3}}\sigma_s \int_0^l \int_{w_x-A_x}^{w_x} \int_0^{h_{III}} \sqrt{\dot{\varepsilon}_{x\,III}^2 + \dot{\varepsilon}_{y\,III}^2 + \dot{\varepsilon}_{z\,III}^2 + 2\dot{\varepsilon}_{xy\,III}^2 + 2\dot{\varepsilon}_{xz\,III}^2 + 2\dot{\varepsilon}_{yz\,III}^2}\,\mathrm{d}y\mathrm{d}z\mathrm{d}x \,+$$

$$4k \int_{w_0-3A_0}^{w_0-A_0} \int_0^{h_0} \sqrt{\left(v_{y\,II}\big|_{x=0}\right)^2 + \left(v_{z\,II}\big|_{x=0}\right)^2}\,\mathrm{d}y\mathrm{d}z \,+$$

$$4k \int_{w_0-A_0}^{w_0} \int_0^{h_0} \sqrt{\left(v_{y\,III}\big|_{x=0}\right)^2 + \left(v_{z\,III}\big|_{x=0}\right)^2}\,\mathrm{d}y\mathrm{d}z \,+$$

$$4mk \int_0^l \int_0^{h_{rx}} \sqrt{\left(v_{y\,III}\big|_{z=w_x}\right)^2 + \left(\Delta v_t\big|_{z=w_x}\right)^2}\,\frac{\mathrm{d}y\mathrm{d}x}{\cos\alpha} \tag{2-102}$$

采用 Matlab 最优化工具箱可以得到立轧总功率泛函 J^* 取得最小值 $J^*_{\min}$ 时最优的 A 值和 β 值的数值解。Matlab 计算流程如图 2-14 所示,图中 $\beta_{\max}$ 可以由假设立轧过程为平面变形时利用式（2-12）的方法计算得到,进而根据式（2-50）得到轧制力矩 M 和轧制力 F,最终根据式（2-68）~式（2-74）得到三次曲线狗骨模型的数值解。

2.3.4 立轧总功率泛函的解析解

本节采用 GA 线性屈服准则、中值定理和巴甫洛夫投影法则等近似处理方法分别求解了内部塑性变形功率、剪切功率和摩擦功率。

2.3.4.1 内部塑性变形功率

采用 GA 线性屈服准则求解内部塑性变形功率,根据式（1-19）得到内部塑性变形功率 $\dot{W}_i$ 为

$$\dot{W}_i = \frac{1000}{1683}\sigma_s \iiint_V (\dot{\varepsilon}_{\max} - \dot{\varepsilon}_{\min})\,\mathrm{d}V \tag{2-103}$$

我们注意到 $\dot{\varepsilon}_{\max} = \dot{\varepsilon}_y$ 和 $\dot{\varepsilon}_{\min} = \dot{\varepsilon}_z$,将 I 区、II 区和 III 区的应变速率场式（2-83）、式（2-89）和式（2-91）以及三次曲线狗骨模型式（2-68）~式（2-70）代入式（2-103）得

$$\dot{W}_{i\,I} = 0 \tag{2-104}$$

$$\dot{W}_{i\,II} = \frac{4000\sigma_s}{1683} \int_0^l \int_{w_x-3A_x}^{w_x-A_x} \int_0^{h_{II}} (\dot{\varepsilon}_{y\,II} - \dot{\varepsilon}_{z\,II})\,\mathrm{d}y\mathrm{d}z\mathrm{d}x$$

$$= \frac{4000U\sigma_s}{1683} \int_0^l \int_{w_x-3A_x}^{w_x-A_x} \left\{ -\frac{A'_x}{3A_x^2} + \frac{\beta h_0 A'_x (z-w_x+3A_x)^2}{6A_x^4 h_{II}} \left[-9 + \frac{3\Delta w_x}{A_x} + \right.\right.$$

$$\left.\left. \left(\frac{3}{A_x} - \frac{2\Delta w_x}{A_x^2}\right)(z-w_x+3A_x) \right] \right\} \mathrm{d}z\mathrm{d}x \tag{2-105}$$

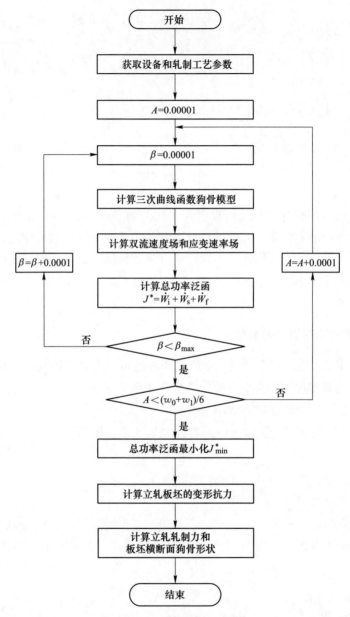

图 2-14   Matlab 计算立轧流程

$$\dot{W}_{i\text{III}} = \frac{4000\sigma_s}{1683} \int_0^l \int_{w_x-A_x}^{w_x} \int_0^{h_\text{III}} (\dot{\varepsilon}_{y\text{III}} - \dot{\varepsilon}_{z\text{III}})\,\mathrm{d}y\mathrm{d}z\mathrm{d}x$$

$$= \frac{4000\sigma_s}{1683} \int_0^l \int_{w_x-A_x}^{w_x} \left\{ -\frac{UA'_x}{3A_x^2} + \frac{\beta h_0 UA'_x}{3A_x^3 h_\text{III}} \left[-\frac{6\Delta w_x}{A_x^2}(z-w_1+3A)(z-w_x+A_x) + \right.\right.$$

$$\frac{6\Delta w_x}{A_x}(z - w_x + A_x) + \frac{9A_x + 3\Delta w_x}{2A_x^2}(z - w_x + A_x)^2 + \frac{3\Delta w_x}{A_x^3}(z - w_1 + 3A)$$

$$(z - w_x + A_x)^2 - \frac{3A_x + 4\Delta w_x}{2A_x^3}(z - w_x + A_x)^3 - 6A_0 \Big] \Big\} dz dx \qquad (2\text{-}106)$$

为了得到内部塑性变形功率的解析解，需将式（2-105）和式（2-106）中的厚度 h_{II} 和 h_{III} 分别使用中值定理，得到其均值 $\overline{h}_{\mathrm{II}}$ 和 $\overline{h}_{\mathrm{III}}$，如式（2-107）和式（2-108）所示。

$$\overline{h}_{\mathrm{II}} = \frac{1}{2lA_x}\int_0^l \int_{w_x - 3A_x}^{w_x - A_x} h_{\mathrm{II}} dz dx$$

$$= \frac{1}{2lA_x}\int_0^l \int_{w_x - 3A_x}^{w_x - A_x} \Big[h_0 + \frac{3\beta h_0 \Delta w_x}{2A_x^3}(z - w_x + 3A_x)^2 - \frac{\beta h_0 \Delta w_x}{2A_x^4}(z - w_x + 3A_x)^3 \Big] dz dx$$

$$= h_0 + \frac{\alpha h_0}{l}\int_0^l \frac{\Delta w_x}{A_x} dx = h_0 + \frac{\alpha h_0 f}{l} \qquad (2\text{-}107)$$

$$\overline{h}_{\mathrm{III}} = \frac{1}{lA_x}\int_0^l \int_{w_x - A_x}^{w_x} h_{\mathrm{III}} dz dx$$

$$= \frac{1}{lA_x}\int_0^l \int_{w_x - A_x}^{w_x} \Big[h_0 + \frac{2\beta h_0 \Delta w_x}{A_x} - \frac{3\beta h_0 \Delta w_x}{2A_x^3}(z - w_x + A_x)^2 + \frac{\beta h_0 \Delta w_x}{2A_x^4}(z - w_x + A_x)^3 \Big] dz dx$$

$$= h_0 + \frac{13\alpha h_0}{8l}\int_0^l \frac{\Delta w_x}{A_x} dx = h_0 + \frac{13\alpha h_0 f}{8l}$$

$$(2\text{-}108)$$

其中

$$f = \int_0^l \Big(\frac{\Delta w_x}{A_x}\Big) dx = \int_0^l 3\Big[\frac{\Delta w + 3A}{R + 3A - \sqrt{R^2 - (l - x)^2}} - 1 \Big] dx$$

$$= -3l + 3(\Delta w + 3A)\Big[-\theta + \frac{2(R + 3A)}{\sqrt{(R + 3A)^2 - R^2}}\arctan\Big(\sqrt{\frac{2R + 3A}{3A}}\tan\frac{\theta}{2}\Big) \Big]$$

$$(2\text{-}109)$$

将式（2-107）～式（2-109）代入式（2-105）和式（2-106）中，从而可以得到 II 区和 III 区的内部塑性变形功率 $\dot{W}_{\mathrm{iII}}$ 和 $\dot{W}_{\mathrm{iIII}}$ 分别为

$$\dot{W}_{\mathrm{iII}} = \frac{8000U\sigma_s}{5049}\Big(\frac{3\beta h_0}{\overline{h}_{\mathrm{II}}} + 1\Big)\ln\Big(\frac{A_0}{A}\Big) \qquad (2\text{-}110)$$

$$\dot{W}_{\mathrm{iIII}} = \frac{4000U\sigma_s}{1683}\Big[\frac{\beta h_0}{8\overline{h}_{\mathrm{III}}}\Big(\frac{34A_0}{A} + 21\ln\frac{A}{A_0} - 34\Big) + \frac{1}{3}\ln\frac{A_0}{A} \Big] \qquad (2\text{-}111)$$

设定塑性区的真应变 $\varepsilon = -\ln\dfrac{\Delta w + 3A}{3A} = -\ln\dfrac{A_0}{A}$，从而可以得到内部塑性变形

功率为

$$\dot{W}_i = \dot{W}_{i\mathrm{I}} + \dot{W}_{i\mathrm{II}} + \dot{W}_{i\mathrm{III}}$$

$$= \frac{4000U\sigma_s}{1683}\left[\frac{2\beta h_0}{\bar{h}_{\mathrm{II}}}\ln\frac{A_0}{A} + \frac{\beta h_0}{8\bar{h}_{\mathrm{III}}}\left(\frac{34A_0}{A} - 21\ln\frac{A_0}{A} - 34\right) + \ln\frac{A_0}{A}\right]$$

$$= \frac{4000U\sigma_s}{1683}\left[-\frac{2\beta h_0\varepsilon}{\bar{h}_{\mathrm{II}}} + \frac{\beta h_0}{8\bar{h}_{\mathrm{III}}}(34e^{-\varepsilon} + 21\varepsilon - 34) - \varepsilon\right] \tag{2-112}$$

从式（2-112）可以得出，在 σ_s、v_0 一定时，内部塑性变形功率是随初始厚度增加而增加并与板坯变形中的塑性区真应变有关的泛函。

2.3.4.2　剪切功率

为了得到剪切功率的解析解，首先根据式（2-98）对 II 区和 III 区入口横向区域的速度场使用中值定理，得到的速度场中值分别为

II 区：

$$\overline{v_{y\mathrm{II}}\big|_{x=0}} = -\frac{U\beta\tan\theta y}{6A_0^4 h_0}\frac{\int_{w_1-3A}^{w_0-A_0}\left[-3(z-w_1+3A)^2 + \frac{(z-w_1+3A)^3}{A_0}\right]\mathrm{d}z}{2A_0} = \frac{U\beta\tan\theta y}{3A_0^2 h_0}$$

$$\overline{v_{z\mathrm{II}}\big|_{x=0}} = -\frac{U\tan\theta}{9A_0^2 h_0}\frac{\int_{w_1-3A}^{w_0-A_0}(z-w_0+3A_0)\mathrm{d}z}{2A_0} = -\frac{U\tan\theta}{9A_0 h_0}$$

$$\tag{2-113}$$

III 区：

$$\overline{v_{y\mathrm{III}}\big|_{x=0}} = -\frac{\beta\tan\theta Uy}{3A_0^3 h_0}\frac{\int_{w_0-A_0}^{w_0}\left[\frac{3}{2A_0}(z-w_0+A_0)^2 - \frac{(z-w_0+A_0)^3}{2A_0^2} - 2A_0\right]\mathrm{d}z}{A_0}$$

$$= \frac{13\beta\tan\theta Uy}{24A_0^2 h_0}$$

$$\overline{v_{z\mathrm{III}}\big|_{x=0}} = -\frac{U\tan\theta}{9A_0^2 h_0}\frac{\int_{w_0-A_0}^{w_0}(z-w_0+3A_0)\mathrm{d}z}{A_0} = -\frac{5U\tan\theta}{18A_0 h_0}$$

$$\tag{2-114}$$

入口剪切功率为

$$\dot{W}_s = 4k\int_{w_0-3A_0}^{w_0-A_0}\int_0^{h_0}\sqrt{\left(\overline{v_{y\mathrm{II}}\big|_{x=0}}\right)^2 + \left(\overline{v_{z\mathrm{II}}\big|_{x=0}}\right)^2}\,\mathrm{d}y\mathrm{d}z + 4k\int_{w_0-A_0}^{w_0}\int_0^{h_0}\sqrt{\left(\overline{v_{y\mathrm{III}}\big|_{x=0}}\right)^2 + \left(\overline{v_{z\mathrm{III}}\big|_{x=0}}\right)^2}\,\mathrm{d}y\mathrm{d}z$$

$$= \dot{W}_{s\mathrm{II}} + \dot{W}_{s\mathrm{III}} \tag{2-115}$$

其中

$$\dot{W}_{s\text{II}} = 8kA_0 \int_0^{h_0} \sqrt{\left(\frac{U\beta\tan\theta y}{3A_0^2 h_0}\right)^2 + \left(-\frac{U\tan\theta}{9A_0 h_0}\right)^2}\,\mathrm{d}y$$

$$= \frac{8kU\beta\tan\theta}{3A_0 h_0} \int_0^{h_0} \sqrt{y^2 + \left(\frac{A_0}{3\beta}\right)^2}\,\mathrm{d}y$$

$$= \frac{4kU\beta h_0\tan\theta}{3A_0}\left[\sqrt{1+p^2} + p^2\ln\left(\frac{1+\sqrt{1+p^2}}{p}\right)\right] \tag{2-116}$$

$$\dot{W}_{s\text{III}} = 4kA_0 \int_0^{h_0} \sqrt{\left(\frac{13\beta\tan\theta Uy}{24A_0^2 h_0}\right)^2 + \left(-\frac{5U\tan\theta}{18A_0 h_0}\right)^2}\,\mathrm{d}y$$

$$= \frac{13kU\beta\tan\theta}{6A_0 h_0} \int_0^{h_0} \sqrt{y^2 + \left(\frac{20A_0}{39\beta}\right)^2}\,\mathrm{d}y$$

$$= \frac{13kU\beta h_0\tan\theta}{12A_0}\left[\sqrt{1+q^2} + q^2\ln\left(\frac{1+\sqrt{1+q^2}}{q}\right)\right] \tag{2-117}$$

将式（2-116）和式（2-117）代入式（2-115）中，得到 II 区和 III 区总的入口剪切功率 $\dot{W}_s$ 为

$$\dot{W}_s = \frac{4kU\beta h_0\tan\theta}{3A_0}\left[\sqrt{1+p^2} + p^2\ln\left(\frac{1+\sqrt{1+p^2}}{p}\right)\right] + \frac{13kU\beta h_0\tan\theta}{12A_0}\left[\sqrt{1+q^2} + \right.$$

$$\left. q^2\ln\left(\frac{1+\sqrt{1+q^2}}{q}\right)\right] \tag{2-118}$$

$$p = \frac{A_0}{3\beta h_0},\ q = \frac{20A_0}{39\beta h_0}$$

从式（2-118）可以得出，在 σ_s、v_0 一定时，剪切功率是随初始厚度 h_0、咬入角 θ 和 A_0/h_0 的增加而增加的泛函。

2.3.4.3 摩擦功率

利用 Pavlov 法则，将板坯与立辊接触面和切向速度不连续量投影到轧制方向上，则在接触面上板坯与立辊在轧制方向上的速度不连续量为

$$\Delta v_t\big|_{z=w_x} = (v_R\cos\alpha - v_{x\text{III}})\big|_{z=w_x}$$

$$= v_R\cos\alpha + \frac{U}{h_0\{(1-3\beta)R\cos\alpha - [(1-3\beta)R + 3\beta\Delta w + 3A]\}} \tag{2-119}$$

接触面上板坯与立辊在厚度方向上的速度不连续量为

$$v_{y\text{III}}\big|_{z=w_x} = \frac{\beta h_0 A_x' Uy}{3A_x^3 h_{rx}^2}(\Delta w_x + 3A_x - 6A_0) \tag{2-120}$$

为了便于计算，在积分区域上采用中值定理求解式（2-119）和式（2-120）中 $\Delta v_t\big|_{z=w_x}$ 和 $v_{y\text{III}}\big|_{z=w_x}$ 的均值，得出的计算结果如式（2-121）和式（2-122）

所示。

$$\overline{\Delta v_{\mathrm{t}}\mid_{z=w_x}} = \frac{\int_\theta^0 \Delta v_{\mathrm{t}}\mid_{z=w_x}\mathrm{d}\alpha}{-\theta} = \frac{v_{\mathrm{R}}\sin\theta}{\theta} - \frac{2Ug}{(3\beta\Delta w + 3A)\theta h_0}\arctan\left(\frac{1}{g}\tan\frac{\theta}{2}\right)$$

$$(2\text{-}121)$$

$$\overline{v_{y\mathrm{III}}\mid_{z=w_x}} = \frac{1}{lh_{\mathrm{rx}}}\int_0^l\int_0^{h_{\mathrm{rx}}} v_{y\mathrm{III}}\mid_{z=w_x}\mathrm{d}y\mathrm{d}x = \frac{U}{18lA_0}\left(\frac{\Delta w}{A} - \frac{3\beta - 1}{\beta}\ln\frac{A}{A + \alpha\Delta w}\right)$$

$$(2\text{-}122)$$

$$g = \sqrt{\frac{3\beta\Delta w + 3A}{2(1 - 3\beta)R + (3\beta\Delta w + 3A)}}$$

则摩擦功率 $\dot{W}_{\mathrm{f}}$ 为

$$\begin{aligned}
\dot{W}_{\mathrm{f}} &= 4\int_{s_{\mathrm{f}}}\tau_{\mathrm{f}}\mid\Delta v_{\mathrm{f}}\mid\mathrm{d}s = 4mk\int_{s_{\mathrm{f}}}\Delta v_{\mathrm{f}}\sqrt{1 + w_x'}\,\mathrm{d}y\mathrm{d}x\\
&= 4mk\int_0^l\int_0^{h_{\mathrm{rx}}}\sqrt{(\overline{v_{y\mathrm{III}}\mid_{z=w_x}})^2 + (\overline{\Delta v_{\mathrm{t}}\mid_{z=w_x}})^2}\,\mathrm{d}y\mathrm{d}x\\
&= 4mk\sqrt{(\overline{v_{y\mathrm{III}}\mid_{z=w_x}})^2 + (\overline{\Delta v_{\mathrm{t}}\mid_{z=w_x}})^2}\left[h_0 l + \beta h_0\int_0^l\left(\frac{\Delta w_x}{A_x}\right)\mathrm{d}x\right]\\
&= 4mkh_0(l + \beta f)\sqrt{(\overline{v_{y\mathrm{III}}\mid_{z=w_x}})^2 + (\overline{\Delta v_{\mathrm{t}}\mid_{z=w_x}})^2}\qquad(2\text{-}123)
\end{aligned}$$

从式（2-123）可以得出，在 σ_{s}、v_0 一定时，摩擦功率是随初始厚度 h_0 和摩擦因子 m 增加而增加并与立辊半径和绝对压下量有关的泛函。

2.3.4.4　总功率泛函

将式（2-112）、式（2-118）和式（2-123）代入 $J^* = \dot{W}_{\mathrm{i}} + \dot{W}_{\mathrm{s}} + \dot{W}_{\mathrm{f}}$，得到变形区总功率泛函解析表达式为

$$\begin{aligned}
J^* =&\ \frac{4000U\sigma_{\mathrm{s}}}{1683}\left[-\frac{2\beta h_0\varepsilon}{\overline{h_{\mathrm{II}}}} + \frac{\beta h_0}{8\overline{h_{\mathrm{III}}}}(34\mathrm{e}^{-\varepsilon} + 21\varepsilon - 34) - \varepsilon\right] + 4mkh_0(l + \beta f)\\
&\ \sqrt{(\overline{v_{y\mathrm{III}}\mid_{z=w_x}})^2 + (\overline{\Delta v_{\mathrm{t}}\mid_{z=w_x}})^2} + \frac{4kU\beta h_0\tan\theta}{3A_0}\left(\sqrt{1 + p^2} + p^2\ln\frac{1 + \sqrt{1 + p^2}}{p}\right) +\\
&\ \frac{13kU\beta h_0\tan\theta}{12A_0}\left(\sqrt{1 + q^2} + q^2\ln\frac{1 + \sqrt{1 + q^2}}{q}\right)
\end{aligned}$$

$$(2\text{-}124)$$

将总功率泛函 J^* 最小化，得到 J^* 取得最小值 $J^*_{\min}$ 时最优的 A 值和 β 值，进而根据式（2-50）和式（2-68）～式（2-74）得到立轧过程中轧制功率和轧制力等力能参数和狗骨形状参数的解析解。

2.4　立轧狗骨形状和力能参数的验证与分析

本节根据有限元模拟值和 Yun 模型[3] 的计算值，对本章正弦狗骨模型的数

值解与解析解和三次曲线狗骨模型的数值解与解析解计算得到的形状参数和力能参数进行验证，然后利用模型研究立轧过程中工艺参数对应力状态影响系数和狗骨形状的影响规律。

2.4.1 形状参数验证与分析

从式（2-8）~式（2-11）和式（2-71）~式（2-74）中变形区的狗骨四参数 h_{bx}、h_{rx}、l_{px} 和 l_{cx} 可以看出，通过验证狗骨形状模型中待定常数 A 值能够确定模型形状参数的精度。因此，将正弦函数狗骨模型的数值解与解析解、三次曲线狗骨模型的数值解与解析解、FEM 模拟值和 Yun 模型[3]中 A 值进行对比，得到了不同减宽率 $\Delta w/w_0$、板坯半厚度 h_0 和立辊半径 R 条件下，各个模型 A/w_0 的预测值及其变化规律，如图 2-15~图 2-17 所示。

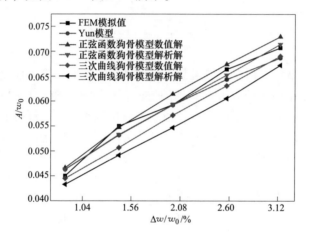

图 2-15　$\Delta w/w_0$ 对 A/w_0 的影响

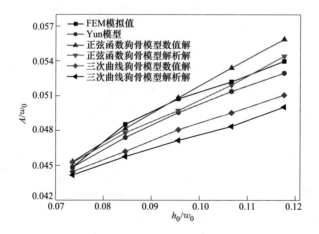

图 2-16　h_0 对 A/w_0 的影响

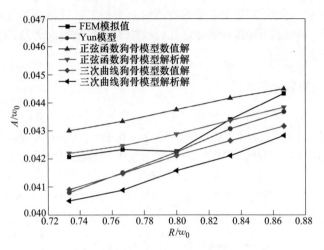

图 2-17　R 对 A/w_0 的影响

从图中可以看出，由于正弦函数狗骨模型与三次曲线狗骨模型的解析解在求解过程中采用了中值定理等近似处理的方法，所以解析解计算得到的 A/w_0 值相比数值解偏小。此外，正弦函数狗骨模型中应用流函数法计算时假设立轧为平面变形过程，即立轧方向压下的金属全部转化为厚度方向隆起的金属，而三次曲线狗骨模型采用双流函数法计算时考虑了板坯在轧制方向的变形，则转化为狗骨形状的变形金属的体积减小。所以三次曲线狗骨模型计算得到的 A/w_0 值比正弦函数狗骨模型的计算值偏小。根据对各个模型的预测值计算分析可知，各个模型之间的最大偏差小于 10%，且与板坯半厚度和立辊半径相比，减宽率对 A/w_0 值的影响较大。

图 2-15 为减宽率 $\Delta w/w_0$ 对 A 值的影响。当减宽率增加时，接触弧长度增加，变形金属朝轧制方向流动的阻力增加，金属更容易流向宽度方向，变形向板坯中央方向延伸。此外，由于变形区体积增加，参与变形金属的体积增加。所以，随着减宽率的增加，A 值呈线性明显增加。不同板坯厚度时 A 值的变化情况如图 2-16 所示，可以看出随着板坯厚度的增加 A 值增加。这是因为仅增加板坯厚度时，板坯与立辊的接触弧长不变，但是接触面积增加，变形金属的体积增加，导致变形向板坯中央逐渐渗透，所以 A 值增大。图 2-17 为不同立辊半径对 A 值的影响，当立辊半径增加时，变形区长度增加，金属朝轧向流动的阻力增加并更倾向于流向板坯中央方向。另外，接触弧长度增加使参与变形金属的体积增加，因此随着立辊半径的增加，A 值增大。

采用文献 [3] 中计算的工艺参数，根据式（2-10）中正弦函数狗骨模型和式（2-73）中三次曲线狗骨模型分别计算宽度方向的狗骨骨峰位置沿咬入区长度方向的分布，即咬入区内轧制方向 l_{px} 的分布，并与 Yun 的 FEM 模拟值及 Yun[3]

的模型预测值进行对比，对比结果如图 2-18 所示。从图中可以看出，本章的两个模型与 Yun 的 FEM 模拟值及其模型计算值吻合很好，最大误差为 3%。

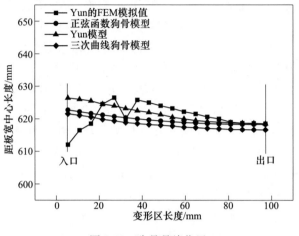

图 2-18　狗骨骨峰位置

采用文献 [3] 中计算的轧制工艺参数，根据式（2-14）中正弦函数狗骨模型和式（2-68）~式（2-70）中的三次曲线狗骨模型，计算得到板坯出口处的轮廓线，并与 FEM 模拟、Yun[3] 和 Okado[13] 的模型对比，对比结果如图 2-19 所示。

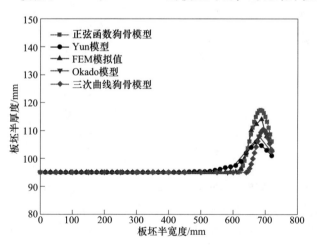

图 2-19　不同模型之间的对比

由于对变形过程的假设不同，可以看出三次曲线狗骨模型计算得到的狗骨形状轮廓线比正弦函数狗骨模型偏小。本章的两个模型与 FEM 模拟、Yun 模型[3] 和 Okado 模型[13] 吻合较好。由于 Yun 模型[3] 假设整个宽度方向均为变形区，并通过有限元拟合得到最后形状，所以得到的狗骨变形区长度偏大、狗骨骨峰偏低。Okado 模型[13]为实验室轧机上纯铅模拟立轧得到的狗骨四参数拟合模型，由于实验测量和观测等原因，得到的狗骨变形区长度偏大。正弦函数狗骨模型和三次曲线狗骨模型给出了板坯变形后整个断面完整的轮廓线函数表达式，而 Yun 模型[3]和 Okado 模型[13]只给出了一些狗骨特征参数的表达式，所以本章的两个模型可以更完整、更容易地得到不同生产条件下的狗骨断面形状。

　　根据对正弦函数狗骨模型和三次曲线狗骨模型的验证发现，每个模型的解析解接近数值解，且解析解最终结果表达式更简洁、易于求解。两个模型在预测狗骨形状时，正弦函数狗骨模型比三次曲线狗骨模型的预测值偏大，但两者均有良好的精度。下面以正弦函数狗骨模型的解析解为例，研究轧制工艺参数（减宽率、板坯厚度和立辊半径）对出口处沿板坯宽度方向狗骨轮廓形状的影响，结果如图 2-20～图 2-22 所示。为了方便对比，我们在沿板宽方向做了归一化处理，且纵坐标仅为狗骨高度的相对增加值。

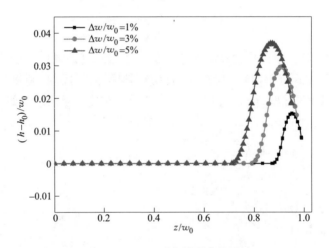

图 2-20　$\Delta w/w_0$ 对狗骨形状的影响

　　图 2-20 为减宽率对狗骨形状的影响，当减宽率增加时，狗骨骨峰位置向板坯宽度中央移动，狗骨影响区长度增加，骨峰高度和与辊面接触的狗骨高度增大。此外，可以发现减宽率对狗骨形状的高度和宽度影响显著。板坯厚度对狗骨形状的影响如图 2-21 所示，当板坯初始厚度增加时，骨峰高度和与辊面接触的狗骨高度增大，狗骨影响区长度增加，狗骨骨峰位置稍向板宽中央移动，但变化不明显。图 2-22 为立辊半径对狗骨形状的影响，当立辊半径增加时，狗骨形状变化不明显，狗骨骨峰位置稍向板宽中央移动，与辊面接触的狗骨高度稍有减小，狗骨影响区长度稍有增加，但是骨峰高度却是相对减小。因此对于新建的立辊轧组，可以考虑通过增大立辊直径来消除狗骨的不均匀变形。

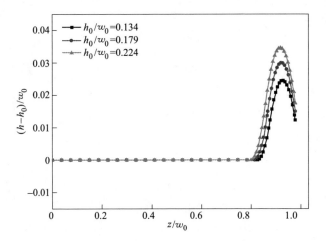

图 2-21　h_0 对狗骨轮廓形状的影响

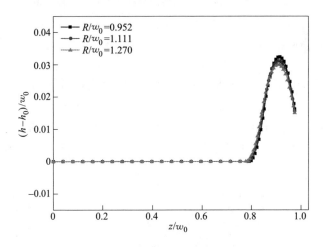

图 2-22　R 对狗骨轮廓形状的影响

　　为了更直观地给出不同轧制工艺参数下狗骨特征参数的数值，基于 Microsoft Visual Studio 2008 中 MFC 模块制作人机交互界面，利用 VC++语言编写源程序，采用搜索法求得 A 值，利用式（2-8）~式（2-11）得到出口处狗骨各个形状参数。图 2-23 给出了计算系统的界面及一个计算案例，该系统基于 Windows 平台开发，具有良好的可移植性。从计算界面可以看出，当入口宽度为 1.4 m、出口宽度为 1.35 m、立辊直径为 1.1 m、入口厚度为 0.22 m、立辊转速为 19.1 r/min，摩擦系数为 0.3 时，计算得出的狗骨骨峰高度为 0.2914 m，与立辊接触面狗骨高度为 0.2557 m，狗骨骨峰位置为 0.042 m，狗骨影响区长度为 0.126 m。

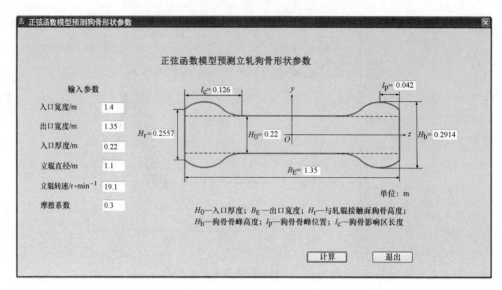

图 2-23　正弦函数狗骨模型预测狗骨形状参数计算系统

2.4.2　力能参数验证与分析

根据式（2-50）计算得到板坯单位宽度和厚度上的轧制力 $\overline{P}$，以 $\overline{P}/\sigma_\text{s}$ 的值表示轧制力的大小，分别从不同减宽率、板坯厚度和立辊半径角度对正弦函数狗骨模型的数值解与解析解、三次曲线狗骨模型的数值解与解析解、FEM 模拟值和 Yun 模型[3] 中计算的轧制力进行验证，验证结果如图 2-24～图 2-26 所示。

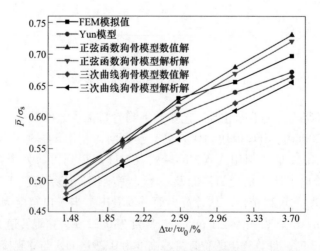

图 2-24　$\Delta w/w_0$ 对轧制力的影响

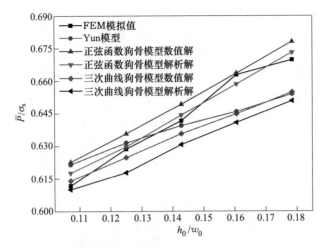

图 2-25　h_0 对轧制力的影响

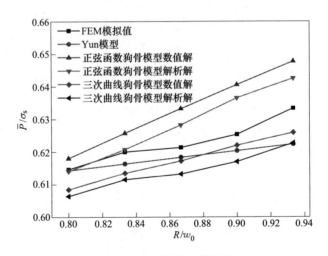

图 2-26　R 对轧制力的影响

应该注意立轧时变形不能完全渗透到整个宽度，用整个宽度计算板坯变形程度会比真实的变形程度偏小，所以本章只用边部的塑性区计算变形抗力。同样由于获得解析解的过程中采用近似处理方法，正弦函数狗骨模型与三次曲线狗骨模型解析解计算得到的 A/w_0 值比数值解偏小，也就是变形区的区域减小，则得到的轧制力也偏小。正弦函数狗骨模型假设立轧过程为平面变形，变形的金属全部流向厚度方向，与三次曲线模型中金属朝轧制方向的流动相比，变形阻力明显增加，所以正弦函数狗骨模型预测的轧制力比三次曲线狗骨模型的预测值要偏大一些。对各个模型的预测值分析可知，各个模型之间的最大偏差小于 9.5%。

　　从图 2-24~图 2-26 可以看出当减宽率、板坯厚度或立辊半径增加时,轧制力增加。这是由于随着减宽率、板坯厚度或立辊半径的增加,板坯与立辊接触的面积增大,参与变形的金属体积增大,造成塑性变形区的体积增加,金属流动的阻力增加,进而轧制力增加。当减宽率增加时轧制力增加的幅度较大,因此减宽率是影响轧制力变化的最主要因素。

　　图 2-27 为内部塑性变形功率 $\dot{W}_i$、摩擦功率 $\dot{W}_s$ 和剪切功率 $\dot{W}_f$ 所占的比例。由图可知,内部塑性变形功率所占比例最大,剪切功率次之,摩擦功率最小,反映了立轧变形的特点:板坯宽厚比大,板坯与立辊接触面积小,摩擦功率所占的比例较小。

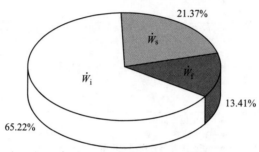

图 2-27　内部塑性变形功率、摩擦功率和剪切功率所占的比例

　　选取国内某厂的现场工艺参数,板坯尺寸为 150 mm×470 mm×9000 mm,将正弦函数狗骨模型解析解和三次曲线狗骨模型解析解计算得到的轧制力与现场通过压头测得的轧制力的变化情况进行对比,对比结果如图 2-28 所示。从图中可以看出两个模型预测的轧制力(893.53 kN 和 868.62 kN)比现场实测的轧制力(831 kN)略大,实测轧制力波动较大,这是由于板坯的水印造成的。采用图

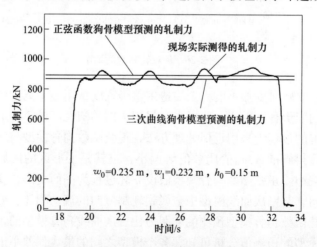

图 2-28　预测的轧制力与现场实测值对比

2-28 数据采样方法，计算并统计了 260 次变换钢种和规格后，正弦函数狗骨模型预测的轧制力，将其与实测值比较，比较结果如图 2-29 所示，最大偏差不超过 10%，因此本章模型可以满足现场粗轧立辊轧制力设定值的精度。

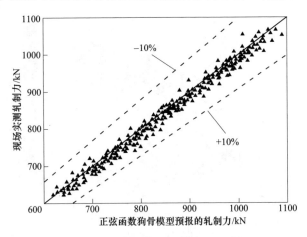

图 2-29 正弦函数狗骨模型预报轧制力与实测值的比较

以正弦函数狗骨模型的解析解为例，本节分别研究了减宽率、板坯厚度、立辊半径和摩擦因子对应力状态影响系数的影响，如图 2-30 和图 2-31 所示。图 2-30 为不同减宽率和板坯厚度对应力状态影响系数的影响。从图中可以看出，当减宽率或板坯厚度增加时，应力状态影响系数呈非线性增加，且两者对应力状态影响系数的影响非常明显。此外，减宽率越小，板坯厚度对应力状态影响系数的影响越大；板坯厚度越小，减宽率对应力状态影响系数的影响越大。

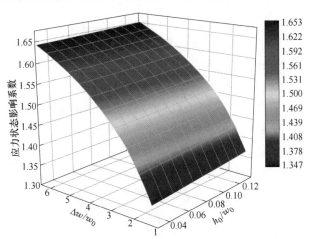

图 2-30 减宽率和板坯厚度对应力状态影响系数的影响

（扫描书前二维码看彩图）

　　不同立辊半径和摩擦因子对应力状态影响系数的影响如图 2-31 所示。与减宽率和板坯厚度相比，摩擦因子和立辊半径对应力状态影响系数的影响较小，从图中可以看出应力状态影响系数随着摩擦因子和立辊半径的增加而增大。

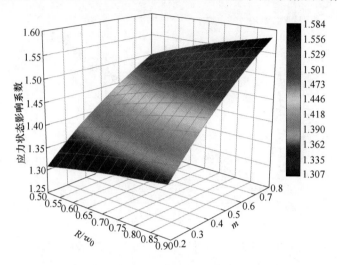

图 2-31　立辊半径和摩擦因子对应力状态影响系数的影响
（扫描书前二维码看彩图）

2.5　本章小结

　　本章利用立轧正弦函数狗骨模型和三次曲线狗骨模型，基于流函数性质分析了粗轧立轧过程，总结如下：

　　（1）建立了立轧过程的有限元模型，根据立轧后板坯的 Mises 应力、应变和位移分布图得出塑性变形主要集中在板坯与立辊相接触的边部区域，而板宽中心并没有发生变形，为设定狗骨形状模型奠定基础。

　　（2）首次提出了立轧正弦函数狗骨模型，假设立轧为平面变形，基于体积不变条件和流函数性质得到相应运动许可的速度场和应变速率场；利用能量法，通过 Matlab 编程求解总功率泛函最小值，得到立轧过程中力能参数和形状参数的数值解；分别用 GM 线性屈服准则、中值定理和共线矢量内积方法求解内部塑性变形功率、剪切功率和摩擦功率，最终得到总功率泛函以及力能参数和形状参数的解析解。

　　（3）根据双流函数性质建立了立轧三次曲线狗骨模型及相应的速度场和应变速率场，采用 Matlab 编程和各种简化处理获得了立轧时的总功率泛函、轧制力和狗骨形状参数的数值解与解析解。

（4）根据 FEM 模拟值和 Yun 模型[3]的计算值，对本章应用正弦函数狗骨模型和三次曲线狗骨模型计算得到的形状参数和轧制力进行验证，计算结果吻合良好。利用本章两个模型预测现场实际生产中的轧制力，其最大偏差不超过 10%，表明本章构建的模型可以满足现场粗轧立辊轧制力设定值的精度。

（5）利用 VC++语言和 MFC 开发正弦函数狗骨模型预测狗骨形状参数计算系统，并利用模型分析了不同减宽率、板坯厚度和立辊半径等轧制工艺参数对立轧后狗骨形状和应力状态影响系数的影响。

参 考 文 献

[1] 吕立华. 金属塑性变形与轧制原理 [M]. 北京：化学工业出版社，2007：54-93.

[2] Lundberg S E. An approximate theory for calculation of roll torque during edge rolling of steel slabs [J]. Steel Research International, 1986, 57 (7)：325-330.

[3] Yun D, Lee D, Kim J, et al. A new model for the prediction of the dog-bone shape in steel mills [J]. ISIJ International, 2012, 52 (6)：1109-1117.

[4] Lundberg S E, Gustafsson T. Roll force, torque, lever arm coefficient, and strain distribution in edge rolling [J]. Journal of Materials Engineering and Performance, 1993, 2 (6)：873-879.

[5] Yih C S. Stream functions in three-dimensional flows [J]. La Houille Blanche, 1957, 3：445-450.

[6] Lugora C, Bramley A. Analysis of spread in ring rolling [J]. International Journal of Mechanical Sciences, 1987, 29 (2)：149-157.

[7] Nagpal V, Altan T. Analysis of the three-dimensional metal flow in extrusion of shapes with the use of dual stream functions [C]//Proceedings of the Third North American Metal Research Conference, 1975：26-40.

[8] Nagpal V. On the solution of three-dimensional metal-forming processes [J]. Journal of Manufacturing Science and Engineering, 1977, 99 (3)：624-629.

[9] Marques M J M B, Martins P A F. The use of dual-stream functions in the analysis of three-dimensional metal forming processes [J]. International Journal of Mechanical Sciences, 1991, 33 (4)：313-323.

[10] Hwang Y M, Hsu H H. Analysis of plate rolling using the dual-stream function method and cylindrical coordinates [J]. International Journal of Mechanical Sciences, 1998, 40 (4)：371-385.

[11] Hwang Y M, Chen J R. Analysis of the shape rolling of a V-sectioned sheet by the dual-stream function method [J]. Journal of Materials Processing Technology, 1999, 88 (1)：33-42.

[12] 赵德文. 成形能率积分线性化原理及应用 [M]. 北京：冶金工业出版社，2012：78-96.

[13] Okado M, Ariizumi T, Noma Y, et al. Width behaviour of the head and tail of slabs in edge rolling in hot strip mills [J]. Tetsu-to-Hagane, 1981, 67 (15)：2516-2525.

3 三维速度场解析平轧宽展数学模型

根据体积不变条件，板坯平辊轧制时被压下的金属沿板坯长度方向和宽度方向都将会产生延伸，宽度方向与长度方向延伸的程度主要取决于最小阻力定律。通常变形区接触弧水平投影长度比宽度要小得多，所以板坯主要在长度方向延伸。但是对于厚度较大且压下较大的粗轧板坯，宽展是不可忽略的，特别是立辊与平辊交替轧制时产生的狗骨形状及随后的回展，都将直接影响到调宽效率和宽度精度。

轧制矩形板坯或轧制除狗骨形状回展外产生的板坯宽展通常称为自然宽展。在平轧中不产生自然宽展，仅消除狗骨形状产生的板坯宽展称为狗骨回展。在板带材宽度控制中，精轧出口的宽度取决于粗轧机组目标宽度设定值预测的准确性，而粗轧设定目标宽度的精度直接依赖宽展模型的精度，即自然宽展和狗骨回展的模型精度。

板坯宽展变化复杂，现有对宽展模型的研究一部分基于体积不变定律、最小阻力定律或力平衡方程等，经过简化和假设得出理论及半理论宽展模型；另一部分是基于有限元模拟数据、生产数据或实验数据，得到适用于特定条件的宽展模型。为了提高宽展的计算精度，模型中考虑的影响因素越来越多，绝大部分的模型都考虑压下率或压下量、轧辊直径和宽厚比，大部分模型考虑了接触弧。但是目前的宽展模型大多适用于特定的设备参数，其计算结果是依赖现场数据或者通过实验的手段得到的，因此各个模型之间也存在较大的差异，很难满足不同现场的控制精度需求[1]。

目前针对立轧与平轧交替轧制过程中的宽展模型研究较少，尤其是狗骨形状回展部分比较复杂，只有 Shibahara[2]、熊尚武等[3]利用物理模拟单独给出了狗骨回展模型。本章利用矩形板坯平轧来研究粗轧过程的自然宽展，基于能量法得到的理论解析数据回归了板坯宽展及速度场中加权系数的模型；利用有限元方法模拟了只消除立轧狗骨形状的平轧过程，确定狗骨形状转化为狗骨回展的百分比，并根据第 2 章立轧狗骨模型计算狗骨形状面积，得到不同轧制规程下狗骨形状的平轧回展。

3.1　矩形板坯平轧力能和形状模型建立

3.1.1　三维速度场的构建

在粗轧平轧区，板坯宽度由 $2w_0$ 增加到 $2w_1$，厚度由 $2h_0$ 减小到 $2h_1$，平辊半径为 R，板坯入口横截面的中点为坐标系的原点，x、y 和 z 分别表示板坯的长度方向、宽度方向和厚度方向，接触弧在水平方向上的投影长度为 l，接触角为 α，咬入角为 θ，如图 3-1~图 3-3 所示。

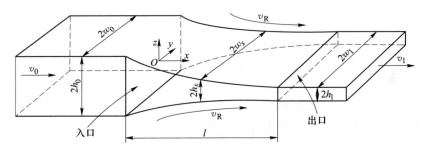

图 3-1　粗轧平轧咬入区三维示意图

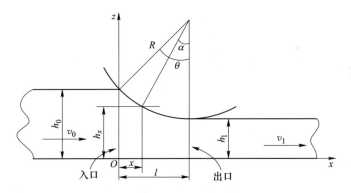

图 3-2　变形区半厚度示意图

根据板带轧制对称性质选取板坯变形区的四分之一为研究对象，则咬入区板坯半厚度 h_x 及其一阶导数和其他参数为

$$h_x = R + h_1 - \sqrt{R^2 - (l - x)^2} \tag{3-1}$$

$$h_x' = -\frac{l - x}{\sqrt{R^2 - (l - x)^2}} = -\tan\alpha \tag{3-2}$$

$$l - x = R\sin\alpha, \quad \mathrm{d}x = -R\cos\alpha\,\mathrm{d}\alpha \tag{3-3}$$

平轧过程中存在宽展，则变形区宽度方向上的半宽度 w_x 可以根据体积不变条件得到

$$w_x = \frac{h_0 v_0 w_0}{h_x v_x} \tag{3-4}$$

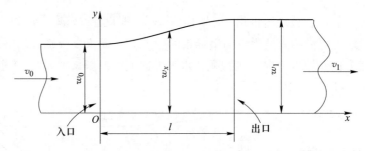

图 3-3　变形区半宽度示意图

假设轧制时板坯垂直线保持直线，横断面保持平面，板坯只在厚度方向和轧制方向的平面变形，则速度场 I 为

$$v_{x\,\mathrm{I}} = \frac{h_0 v_0}{h_x}$$

$$v_{y\,\mathrm{I}} = 0$$

$$v_{z\,\mathrm{I}} = \frac{h_0 v_0 h_x'}{h_x^2} z \tag{3-5}$$

假设板坯只在厚度方向和宽度方向的平面变形，则速度场 II 为

$$v_{x\,\mathrm{II}} = v_0$$

$$v_{y\,\mathrm{II}} = -\frac{h_x' v_0}{h_x} y$$

$$v_{z\,\mathrm{II}} = \frac{h_x' v_0}{h_x} z \tag{3-6}$$

将式（3-5）和式（3-6）的各个方向的速度场分量用加权系数 a 进行加权，得到平轧过程中的速度场分量为

$$v_x = a v_{x\,\mathrm{I}} + (1-a) v_{x\,\mathrm{II}} = \left(a \frac{h_0}{h_x} + 1 - a \right) v_0$$

$$v_y = a v_{y\,\mathrm{I}} + (1-a) v_{y\,\mathrm{II}} = -(1-a) \frac{h_x'}{h_x} v_0 y \tag{3-7}$$

$$v_z = a v_{z\,\mathrm{I}} + (1-a) v_{z\,\mathrm{II}} = \left[\frac{a h_0 h_x'}{h_x^2} + (1-a) \frac{h_x'}{h_x} \right] v_0 z$$

本速度场是将 3 个方向的速度场分量 v_x、v_y 和 v_z 分别通过对速度场 I 和速

场Ⅱ进行同时加权得到的。加权系数 a 是随着板坯初始厚度、压下率、轧辊半径以及板坯与轧辊间的摩擦因子等轧制工艺参数变化的常数，代表变形金属在长度方向和宽度方向流动的比例，a 值越大，表明变形金属更容易流向板坯长度方向，反之，变形金属更倾向于流向板坯宽度方向，其取值范围为 $0<a<1$。

根据 Cauchy 方程得到的应变速率场分量为

$$\dot{\varepsilon}_x = \frac{\partial v_x}{\partial x} = -a\frac{h_0 h_x'}{h_x^2}v_0$$

$$\dot{\varepsilon}_y = \frac{\partial v_y}{\partial x} = -(1-a)\frac{h_x'}{h_x}v_0$$

$$\dot{\varepsilon}_z = \frac{\partial v_z}{\partial x} = \left[\frac{ah_0 h_x'}{h_x^2} + (1-a)\frac{h_x'}{h_x}\right]v_0$$

$$\dot{\varepsilon}_{xy} = \frac{1}{2}\left(\frac{\partial v_x}{\partial y} + \frac{\partial v_y}{\partial x}\right) = -\frac{(1-a)v_0 y}{2}\left[\frac{h_x''}{h_x} - \left(\frac{h_x'}{h_x}\right)^2\right]$$

$$\dot{\varepsilon}_{xz} = \frac{1}{2}\left(\frac{\partial v_x}{\partial z} + \frac{\partial v_z}{\partial x}\right) = \frac{v_0 z}{2}\left\{ah_0\left(\frac{h_x''}{h_x^2} - \frac{2h_x'^2}{h_x^3}\right) + (1-a)\left[\frac{h_x''}{h_x} - \left(\frac{h_x'}{h_x}\right)^2\right]\right\}$$

$$\dot{\varepsilon}_{yz} = \frac{1}{2}\left(\frac{\partial v_y}{\partial z} + \frac{\partial v_z}{\partial y}\right) = 0 \tag{3-8}$$

式中，h_x'' 为 h_x 的二阶导数，$h_x'' = \dfrac{\mathrm{d}h_x'}{\mathrm{d}x}$。

根据式（3-7）和式（3-8）得到入口处 $v_x|_{x=0} = v_0$，$v_y|_{y=0} = 0$，$v_z|_{z=0} = 0$；板坯与轧辊接触处 $v_z|_{z=h_x} = -v_x\tan\alpha$；应变速率场满足 $\dot{\varepsilon}_x + \dot{\varepsilon}_y + \dot{\varepsilon}_z = 0$，则该速度场满足速度边界条件，应变速率场满足体积不变条件，式（3-7）和式（3-8）是满足运动许可条件的速度场和应变速率场。通过能量法求解变形区总功率泛函的最小值，进而确定速度场中加权系数 a 的最优值 a_{opt}。

3.1.2 平轧总功率泛函的构建

根据 Mises 屈服条件，板坯的内部塑性变形功 $\dot{W}_i$ 为

$$\dot{W}_i = \int_V \bar{\sigma}\dot{\bar{\varepsilon}}\,\mathrm{d}V = 4\sigma_s\int_0^l\int_0^{w_x}\int_0^{h_x}\sqrt{\frac{2}{3}}\sqrt{\dot{\varepsilon}_x^2 + \dot{\varepsilon}_y^2 + \dot{\varepsilon}_z^2 + 2\dot{\varepsilon}_{xy}^2 + 2\dot{\varepsilon}_{xz}^2 + 2\dot{\varepsilon}_{yz}^2}\,\mathrm{d}x\mathrm{d}y\mathrm{d}z \tag{3-9}$$

由式（3-7）可知，入口处存在速度不连续量，则剪切功率 $\dot{W}_s$ 为

$$\dot{W}_s = \int_S k|\Delta v_s|\,\mathrm{d}S = 4k\int_0^{w_0}\int_0^{h_0}\sqrt{(v_y|_{x=0})^2 + (v_z|_{x=0})^2}\,\mathrm{d}y\mathrm{d}z \tag{3-10}$$

由于摩擦力作用在轧辊与板坯相接触的区域，因此切向速度不连续量为

$$\Delta v_t = v_R - \frac{v_x}{\cos\alpha} \tag{3-11}$$

摩擦功率 $\dot{W}_f$ 为

$$\dot{W}_f = 4mk \int_0^l \int_0^{w_x} \sqrt{(v_y|_{z=h_x})^2 + (\Delta v_t|_{z=h_x})^2} \frac{\mathrm{d}y\mathrm{d}x}{\cos\alpha} \tag{3-12}$$

将式（3-9）、式（3-10）和式（3-12）代入总功率泛函 $J^* = \dot{W}_i + \dot{W}_s + \dot{W}_f$ 中，可以得到粗轧平轧总功率泛函的表达式

$$J^* = 4\sqrt{\frac{2}{3}}\sigma_s \int_0^l \int_0^{w_x} \int_0^{h_x} \sqrt{\dot{\varepsilon}_x^2 + \dot{\varepsilon}_y^2 + \dot{\varepsilon}_z^2 + 2\dot{\varepsilon}_{xy}^2 + 2\dot{\varepsilon}_{xz}^2 + 2\dot{\varepsilon}_{yz}^2}\,\mathrm{d}x\mathrm{d}y\mathrm{d}z \;+$$

$$4k\int_0^{w_0}\int_0^{h_0}\sqrt{(v_y|_{x=0})^2 + (v_z|_{x=0})^2}\,\mathrm{d}y\mathrm{d}z \;+$$

$$4mk\int_0^l\int_0^{w_x}\sqrt{(v_y|_{z=h_x})^2 + (\Delta v_t|_{z=h_x})^2}\frac{\mathrm{d}y\mathrm{d}x}{\cos\alpha} \tag{3-13}$$

采用 Matlab 最优化工具箱对式（3-13）求最小值，计算流程如图 3-4 所示。当总功率泛函 J^* 取最小值 $J^*_{\min}$ 时，得到对应的最优的加权系数 a_{opt} 值。相应的轧制力矩 M、轧制力 F 和应力状态影响系数 n_σ 分别为

$$M = \frac{RJ^*_{\min}}{2v_R},\;\; F = \frac{M}{\chi l},\;\; n_\sigma = \frac{F}{2(w_0 + w_1)lk} \tag{3-14}$$

式中，χ 为粗轧力臂系数，一般取值为 $0.5 \sim 0.6^{[4]}$。

3.1.3　力能参数验证

为了验证模型的精度，将本章模型计算的轧制力与某现场中实测的轧制力以及 Sims 模型计算的轧制力进行对比。现场实测中连铸板坯的尺寸为 165 mm× 1195 mm ×9000 mm，经过五道次的粗轧，板坯厚度从 165 mm 轧到 34 mm。五道次粗轧过程中轧辊速度 v_R 和板坯温度 t 等参数如表 3-1 所示。

表 3-1　模型计算结果与对比情况

道 次 号	1	2	3	4	5
轧辊速度 $v_R/\mathrm{m \cdot s^{-1}}$	0.61	0.81	1.08	1.5	2
板坯温度 $t/℃$	1152.1	1133.4	1116.2	1097.0	1078.3
真应变 ε	0.34	0.31	0.38	0.3	0.26
变形抗力 σ_s/MPa	73.88	80.94	94.33	99.83	106.82
最优加权系数 a_{opt}	0.858	0.932	0.943	0.991	0.996
本章模型轧制力 F/MN	10.39	9.34	11.03	8.79	8.19

道次号	1	2	3	4	5
实测轧制力 F/MN	9.88	8.78	10.38	8.53	8.03
Sims 模型轧制力 F/MN	9.43	8.50	10.04	8.09	7.45
本章模型与实测值偏差/%	4.83	5.96	5.90	2.97	1.95
本章模型与 Sims 模型偏差/%	9.23	8.99	8.95	7.92	8.98

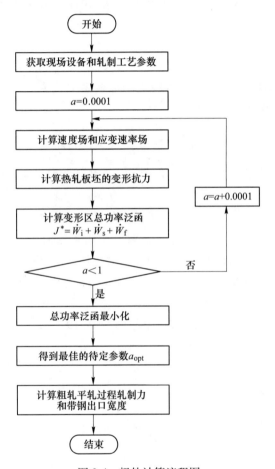

图 3-4 粗轧计算流程图

板坯的材料是 Q195 钢，Q195 的变形抗力模型为[5]

$$\sigma_s = \sigma_0 e^{(a_1 T - a_2)} \left(\frac{\dot{\varepsilon}}{10}\right)^{(a_3 T - a_4)} \left[a_6 \left(\frac{\varepsilon}{0.4}\right)^{a_5} - (a_6 - 1)\frac{\varepsilon}{0.4}\right] \quad (3-15)$$

式中，σ_0 为变形抗力基值，MPa，$\sigma_0 = 146.9$；$a_1 \sim a_6$ 分别为回归系数，$a_1 = -2.655$，$a_2 = 3.379$，$a_3 = 0.1456$，$a_4 = -0.0754$，$a_5 = 0.4673$，$a_6 = 1.579$；T 为温

度系数，K，$T = (t + 273)/1000$；ε 为真应变；$\dot{\varepsilon}$ 为应变速率，$1/s$。

将本章模型计算的轧制力与现场实测轧制力值以及 Sims 模型计算的轧制力进行对比，对比结果如表 3-1 所示。本章模型由于采用能量法计算，得到的轧制力预测值比现场的实测值和 Sims 模型的计算值略大。从表中可以看出，本章模型所有的预测值均大于现场的实测值，但是 Sims 模型在某些道次的计算值小于现场实测值。本章模型的计算值与现场的实测值偏差在 6%以内，与 Sims 模型的计算值偏差在 10%以内，能够满足粗轧平轧过程预测轧制力的精度。

3.1.4　形状参数验证与分析

采用 Matlab 最优化工具箱对式（3-13）求最小值，得到总功率泛函 J^* 取最小值时对应的最优加权系数 a_{opt}，将最优的加权系数代入式（3-7）中并令 $x = l$，可以得到出口处板坯速度 v_1 为

$$v_1 = v_x \big|_{x = l} = \left(a_{\mathrm{opt}} \frac{h_0}{h_1} + 1 - a_{\mathrm{opt}} \right) v_0 \tag{3-16}$$

将式（3-16）代入式（3-4）中并令 $x = l$，可以得到出口板坯的半宽度 w_1 为

$$w_1 = \frac{h_0 v_0 w_0}{h_1 v_1} = \frac{h_0 w_0}{a_{\mathrm{opt}} h_0 + h_1 (1 - a_{\mathrm{opt}})} \tag{3-17}$$

将本章模型预测的板坯半宽度值分别与现场实测值以及 Shibahara[2]、熊尚武[3]、Bakhtinov[1] 的模型计算值进行对比，对比结果如图 3-5 所示。从图中可以看出，本章模型的计算值与实测值以及 Shibahara[2]、熊尚武[3] 和 Bakhtinov[1] 的模型计算值吻合良好，偏差在 1.95%以内。此外，随着轧制道次的增加，板坯宽度的增加率减小，这是宽厚比随着轧制道次增加而增加造成的。

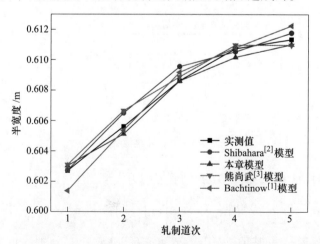

图 3-5　本章模型预测的半宽值与其他研究结果对比

宽展是随着板坯的初始厚度 h_0、宽度 w_0、轧辊半径 R、压下率 $\varepsilon = \Delta h / h_0$ 和轧辊与板坯之间的摩擦因子 m 变化而相应地发生变化。本节采用上述方法分别计算了 100 组不同的轧制规格（见表 3-2），研究不同轧制工艺参数对宽展的影响。

表 3-2 轧制工艺参数

板坯厚度/mm	板坯宽度/mm	轧辊直径/mm	摩擦因子	轧辊转速/r · min⁻¹
160~300	900~2000	1000~1200	0.15~0.5	28.65

V. B. Ginzburg[6] 指出影响宽展的重要因素为初始厚度与初始宽度之比 h_0/w_0、接触弧长度与初始宽度之比 l/w_0、工作辊半径与初始厚度之比 R/h_0、厚度压下率 ε 和摩擦因子 m。本节利用本章模型计算了不同工艺条件下的宽度，分析了各个因素对宽展的影响规律。

R/h_0 和 ε 对宽展的影响规律如图 3-6 所示。从图中可以看出，当压下率增加时，变形区的长度增加，变形金属沿长度方向流动的阻力增加，纵向压应力值加大，有利于金属横向流动。此外，被压下金属的体积也会增加，两者综合作用使得宽展明显增加。在轧制过程中，轧辊半径增加同样会导致变形区的长度增加，根据最小阻力定律，金属横向流动趋势增大，因此宽展增加。

图 3-7 所示为 m 和 w_0/h_0 对宽展的影响。当变形区长度不变时，随着板坯宽度增加，变形金属横向流动的阻力增加，宽展减小。根据最小阻力定律，轧制过程中摩擦增大会同时增加变形金属在横向和纵向流动阻力，金属会向阻力增加较少的方向流动，影响比较复杂，从图中还可以看出摩擦对宽展的影响较小。

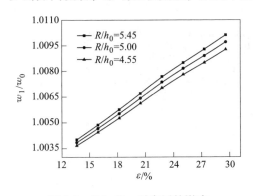

图 3-6 R/h_0 和 ε 对宽展的影响

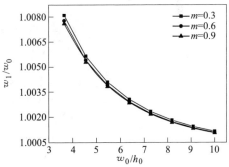

图 3-7 m 和 w_0/h_0 对宽展的影响

根据得到的不同工艺参数对宽展的影响规律及其他研究者的宽展模型，确定了矩形板坯粗轧平轧出口处半宽值 w_1 的模型形式为

$$w_1 = w_0 \left(\frac{h_0}{h_1} \right)^A \tag{3-18}$$

$$A = a_1 \left(\frac{h_0}{w_0}\right)^{a_2} \left(\frac{l}{w_0}\right)^{a_3} \left(\frac{R}{h_0}\right)^{a_4} m^{a_5} \tag{3-19}$$

式中，$a_1 \sim a_5$ 为回归系数。

对式（3-19）两边取自然对数后线性化，整理结果如式（3-20）所示。

$$\ln(A) = \ln a_1 + a_2 \ln \frac{h_0}{w_0} + a_3 \ln \frac{l}{w_0} + a_4 \ln \frac{R}{h_0} + a_5 \ln m \tag{3-20}$$

对式（3-20）采用最小二乘法回归 100 组不同轧制工艺条件下板坯出口处半宽值，得到回归系数，确定 A 模型，如式（3-21）所示。

$$A = 0.3092 \left(\frac{h_0}{w_0}\right)^{1.6224} \left(\frac{l}{w_0}\right)^{0.4269} \left(\frac{R}{h_0}\right)^{0.5464} m^{-0.0668} \tag{3-21}$$

将式（3-18）拟合值和式（3-17）计算值以及 Shibahara[2]、熊尚武[3]、Bakhtinov[1] 模型计算值对比，对比结果如图 3-8 所示。图中偏差 1 为拟合值和式（3-17）计算值对比，偏差 2 为拟合值和 Shibahara[2] 模型计算值对比，偏差 3 为拟合值和熊尚武[3] 模型计算值对比，偏差 4 为拟合值和 Bakhtinov[1] 模型计算值对比。从图中可以看出偏差 1 在 0.5% 以内，偏差 2 ~ 偏差 4 在 2% 以内，经对比发现此出口半宽值拟合表达式不仅保留了计算的精度，还减少了计算时间。

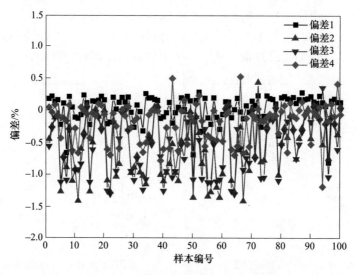

图 3-8　拟合表达式预测的半宽值与其他研究结果对比

采用半宽值拟合表达式计算的宽展与 Chitkara 实验值和 Oh 的理论解[7] 进行对比，如图 3-9 所示。从图中可以看出，拟合表达式与 Chitkara 实验值和 Oh 的理论值匹配良好，可以用于预测粗轧过程中的宽展。

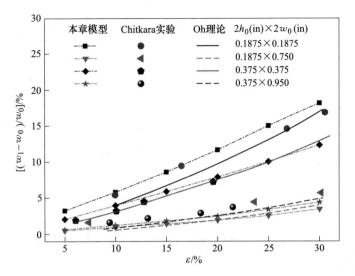

图 3-9 拟合模型计算的宽展与其他研究结果对比

3.1.5 加权系数分析

加权系数 a 代表变形金属在长度方向和宽度方向流动的比例，它是随着板坯的初始厚度 h_0、初始宽度 w_0、轧辊半径 R、压下率 ε 和轧辊与板坯之间的摩擦因子 m 的变化而相应地发生变化。图 3-10 所示为 m 和 w_0/h_0 对最优的加权系数 a_{opt} 的影响。当 w_0/h_0 增加时，a_{opt} 增加，也就是说变形金属更容易流向板坯长度方向；摩擦因子 m 对 a_{opt} 的影响非常小。R/h_0 和 ε 对最优的加权系数 a_{opt} 的影响如图 3-11 所示。当 R/h_0 或 ε 增加时，加权系数减小，即变形金属更倾向于流向板坯宽度方向。此外，R/h_0 和 ε 对最优加权系数的影响非常明显。

加权系数表示变形金属在长度和宽度方向流动的比例，是与宽展息息相关的，所以在建立加权系数模型时可以参照宽展模型。根据图 3-10 和图 3-11 加权系数的变化规律，综合考虑工艺参数对加权系数的影响，确定了 a_{opt} 关于轧制工艺参数的模型形式，如式（3-22）和式（3-23）所示。

$$a_{opt} = \left(\frac{h_0}{h_1}\right)^{B} \tag{3-22}$$

$$B = b_1 \left(\frac{h_0}{w_0}\right)^{b_2} \left(\frac{l}{w_0}\right)^{b_3} \left(\frac{R}{h_0}\right)^{b_4} m^{b_5} \tag{3-23}$$

式中，$b_1 \sim b_5$ 为回归系数。

同理对式（3-23）两边取自然对数线性化，整理结果如式（3-24）所示。

$$\ln(B) = \ln b_1 + b_2 \ln \frac{h_0}{w_0} + b_3 \ln \frac{l}{w_0} + b_4 \ln \frac{R}{h_0} + b_5 \ln m \tag{3-24}$$

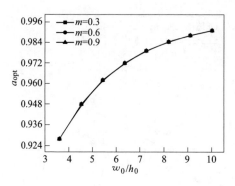
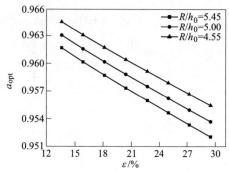

图 3-10　m 和 w_0/h_0 对加权系数 a_{opt} 的影响　　图 3-11　R/h_0 和 ε 对加权系数 a_{opt} 的影响

对式（3-25）采用最小二乘法回归 100 组不同轧制规程的最优加权系数值，并得到回归系数，确定 B 模型为

$$B = -1.5178 \left(\frac{h_0}{w_0}\right)^{3.8693} \left(\frac{l}{w_0}\right)^{-1.5561} \left(\frac{R}{h_0}\right)^{1.4727} m^{-0.0011} \qquad (3\text{-}25)$$

在数理统计中，残差是指实际观察值与估计值（拟合值）之间的差值，残差分析是通过残差所提供的信息，分析出数据的可靠性、周期性或其他干扰。为了验证最优加权系数 a_{opt} 的可靠性，图 3-12 给出了 a_{opt} 拟合表达式的残差图。该图以回归方程的 100 组不同轧制工艺条件为横坐标，以残差为纵坐标，描述了每

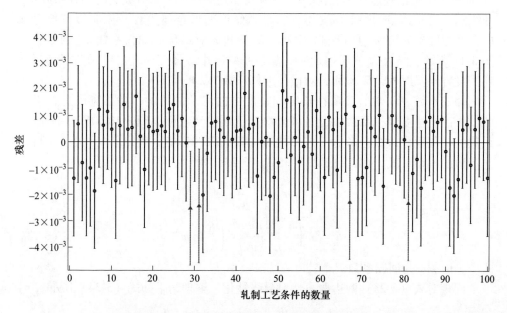

图 3-12　最优加权系数 a_{opt} 拟合表达式的残差

一个工艺下对应的 a_{opt} 拟合表达式的残差，每一点围绕残差等于 0 的直线上下随机散布，圆形。和三角形▲代表了 a_{opt} 的拟合值与预测值之间的偏差，在 100 个测试点中只有 4 个在置信区间之外（偏差小于 0.5%）。因此回归的 a_{opt} 的表达式在精度和适用范围能够满足现场的实际生产。

得到最优加权系数 a_{opt} 的表达式后，通过联立式（3-13）、式（3-14）和式（3-22）即可得到轧制力，不必再使用 Matlab 最优化工具箱，大大减少了计算时间。优化加权系数 a_{opt} 后的粗轧计算流程如图 3-13 所示。

选取现场 700 组数据来验证采用拟合的 a_{opt} 表达式预测得到轧制力的精度，预测值和实测值的比较结果如图 3-14 所示。从图中可以看出预测值具有较高的命中率，因此该表达式能够应用于粗轧现场轧制力设定。

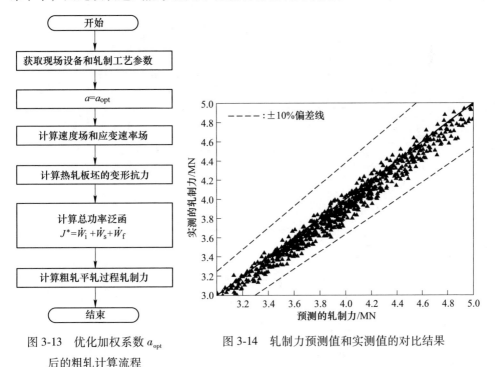

图 3-13　优化加权系数 a_{opt}　　　　　　图 3-14　轧制力预测值和实测值的对比结果
　　　　后的粗轧计算流程

3.2　狗骨形板坯平轧回展模型

为了改善连铸与热连轧产线的衔接性，提高整个生产流程的效率，钢铁企业广泛应用了立辊调宽轧机。立轧后狗骨形状的板坯在之后的平轧中，许多狗骨处金属发生横向流动产生回展，使得宽展的变化情况变得更复杂。显然狗骨形板坯的回展与狗骨形状等因素有关。

图 3-15 为板坯经过立轧和平轧后的变形情况。如图 3-15 所示，在粗轧立轧时，板坯通过半径为 R_e 的一对立辊，板坯入口厚度为 $2h_0$，板坯宽度由 $2w_{e0}$ 减小到 $2w_{e1}$（$2w_{e1}$ 也就是之后平轧时的 $2w_0$）。狗骨形状板坯平轧产生的宽展分为狗骨形状回展 w_d 和除掉狗骨形状回展之外的自然宽展 $w_1 - w_0$。自然宽展部分可以通过第 3.1 节获得，本节主要研究狗骨形状平轧回展。第 2 章已经获得狗骨形状的表达式，从而可以获得不同轧制规程下狗骨形状的面积。但是由于狗骨形状复杂，采用能量法直接求解存在非常大的求解困难，因此采用有限元的方法建立立平轧连续的有限元模型，在平轧中仅消除狗骨形状，不产生自然宽展，确定狗骨形状转化为狗骨回展的百分比 k_d，从而根据狗骨形状面积和 k_d 可以得到不同轧制规程下狗骨形状的平轧回展 w_d。

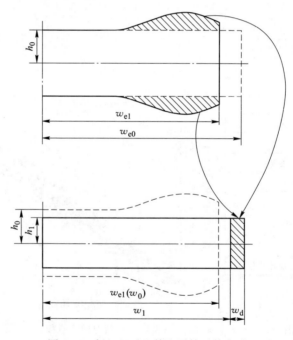

图 3-15　板坯经过立轧和平轧后的变形

3.2.1　有限元分析立轧狗骨回展

根据某热轧现场粗轧机设备参数，采用 ABAQUS 分析狗骨回展的流程如图 2-2 所示，板坯和立辊的几何尺寸如表 2-1 所示，建立的立平轧三维有限元模型如图 3-16 所示。

图 3-17 为有限元模拟立轧后狗骨形状示意图，根据有限元的后处理可以得到狗骨形状各个节点的坐标，求得图 3-17 中狗骨形状阴影区的面积 S_{dFEM} 为

$$S_{\mathrm{dFEM}} = \frac{(y_1 + y_2)(z_2 - z_1)}{2} + \frac{(y_2 + y_3)(z_3 - z_2)}{2} + \cdots +$$

$$\frac{(y_{n-1} + y_n)(z_n - z_{n-1})}{2} - (z_n - z_1)y_1$$

$$= \sum_{i=2}^{n} \frac{(y_{i-1} + y_i)(z_i - z_{i-1})}{2} - (z_n - z_1)y_1 \tag{3-26}$$

式中，y_i 为第 i 个节点的厚度坐标，m；z_i 为第 i 个节点的宽度坐标，m。

图 3-16 立平轧有限元模型

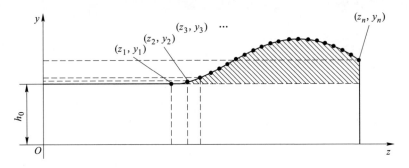

图 3-17 有限元求解狗骨面积

采用同样的方法可以求得仅消除狗骨形状平轧后板坯的宽展 w_{dFEM}，则狗骨形状转化为狗骨回展的百分比 k_{d} 为

$$k_{\mathrm{d}} = \frac{h_0 w_{\mathrm{dFEM}}}{S_{\mathrm{dFEM}}} \times 100\% \tag{3-27}$$

3.2.2 BP 神经网络优化狗骨回展参数

通过对立轧的研究可知，狗骨的形状主要取决于立轧时的减宽率 $\Delta w_{\mathrm{e}}/w_{\mathrm{e0}}$、板坯入口厚度 $2h_0$ 和立辊半径为 R_{e}。利用刚塑性有限元模拟了不同板坯入口半宽度、出口半宽度、入口半厚度和立辊半径下狗骨形状回展百分比 k_{d}，由于有限元计算时将整个板坯离散化，分割成用节点相互联系的有限个单元，每个单元选择合适的节点作为求解函数的插值点，根据所选用的插值函数，将微分方程中的

变量写成由各个变量及其导数的节点值组成的线性表达式[8]，利用变分原理求解微分方程的离散解，因此得到的解与实际值存在一定的偏差，在研究某一参数变化对结果的影响规律时造成干扰。所以利用图 3-18 中的 BP 神经网络结构对参数进行优化。

本节将板坯入口半厚度、入口半宽度、出口半宽度和立辊半径作为输入信号，传递给隐含层节点，经过激励函数把隐含层节点的计算结果输出，对比分析目标与神经网络计算的输出，若不能得到期望的输出，则把误差沿原连接通路逐层反向传回，改变层与层之间的权值，重复上述前向传播与误差反向传播过程，使偏差降低，最后得到理想的狗骨形状回展百分比输出值。BP 神经网络的训练过程如图 3-19 所示，迭代 27 次后神经网络达到收敛。

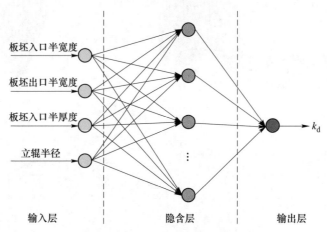

图 3-18　优化 k_d 的 BP 神经网络结构

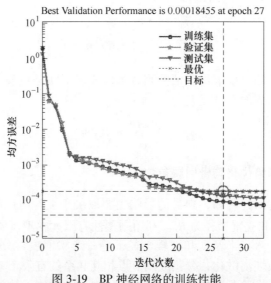

图 3-19　BP 神经网络的训练性能

3.2.3 狗骨回展模型的构建

根据 BP 神经网络优化后的狗骨形状回展百分比 k_d，得到 $\Delta w_e/w_{e0}$、h_0/w_{e0} 和 R_e/w_{e0} 对 k_d 的影响规律，如图 3-20~图 3-22 所示。

从图中可以看出，k_d 随着 $\Delta w_e/w_{e0}$、h_0/w_{e0} 或 R_e/w_{e0} 的增加呈非线性减小。尽管采用 BP 神经网络进行优化，但是由于有限元法采用节点计算，其计算精度与节点的数目相关，计算节点数目越多，计算精度越高，但是数目增多导致计算时间增加，因此得到的曲线并不是光滑的。

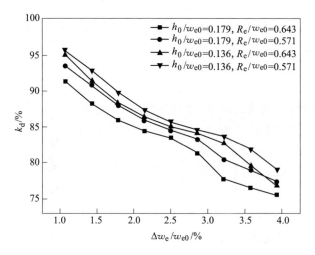

图 3-20　$\Delta w_e/w_{e0}$ 对 k_d 的影响

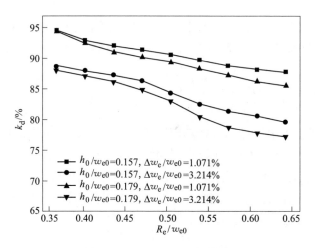

图 3-21　R_e/w_{e0} 对 k_d 的影响

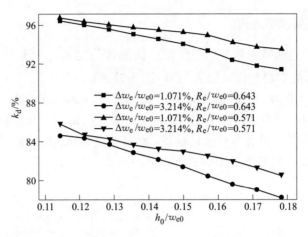

图 3-22　h_0/w_{e0} 对 k_d 的影响

根据计算的狗骨形状回展百分比变化规律及其他计算公式，在综合考虑工艺参数对狗骨回展的影响后，确定了 k_d 的模型形式，如式（3-28）所示。

$$k_d = \exp\left[a_1 \left(\frac{\Delta w_e}{w_{e0}} \right)^{a_2} \left(\frac{h_0}{w_{e0}} \right)^{a_3} \left(\frac{R_e}{w_{e0}} \right)^{a_4} \right] \times 100\% \qquad (3-28)$$

式中，$a_1 \sim a_4$ 为回归系数。

对式（3-28）两边两次取自然对数后线性化，整理结果为

$$\ln(\ln k_d) = \ln a_1 + a_2 \ln \frac{\Delta w_e}{w_{e0}} + a_3 \ln \frac{h_0}{w_{e0}} + a_4 \ln \frac{R_e}{w_{e0}} \qquad (3-29)$$

对式（3-29）采用最小二乘法回归 BP 神经网络优化后的 200 组不同轧制规程下的数据，得到了回归系数，并确定了 k_d 的模型，如式（3-30）所示。

$$k_d = \exp\left[-37.8086 \left(\frac{\Delta w_e}{w_{e0}} \right)^{0.9595} \left(\frac{h_0}{w_{e0}} \right)^{0.6963} \left(\frac{R_e}{w_{e0}} \right)^{1.2793} \right] \times 100\% \qquad (3-30)$$

BP 神经网络优化的 k_d 值和回归模型预测的 k_d 值对比结果如图 3-23 所示，从图中可以发现偏差小于 2%，所以得到的回归模型精度较高。

根据第 2 章的立轧后狗骨形状模型可以计算的狗骨形状面积 S_d，利用狗骨形状转化狗骨回展的百分比 k_d 的回归模型可以得到不同轧制规程下狗骨形状的平轧回展 w_d，如式（3-31）所示。

$$w_d = \frac{k_d S_d}{h_0} \qquad (3-31)$$

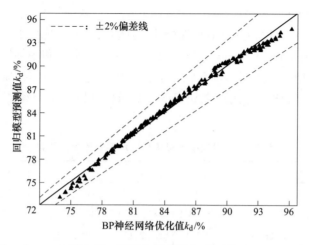

图 3-23 预测和优化的 k_d 值对比

3.3 立平轧总宽展预测

对于现场存在立辊配置的粗轧机组，需要考虑轧制道次中是否存在立轧产生狗骨形状的情况，总宽展计算流程如图 3-24 所示。

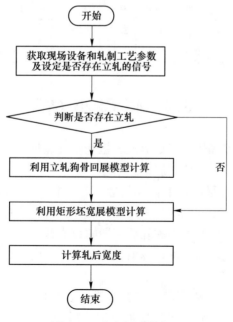

图 3-24 总宽展计算流程

　　选取某 1450 mm 带钢厂 3/4 连续式粗轧机组的实际生产数据，平辊轧机前都配有立辊轧机，对比模型预测值与现场的实际值的偏差。现场中连铸板坯的尺寸为 230 mm×1250 mm×9800 mm，经过六道次粗轧，粗轧过程中轧辊速度 v_R 和板坯温度 t 如表 3-3 所示。采用本章立轧和平轧过程的轧制力和形状模型预测值与现场的实测值进行对比，对比结果如表 3-3 所示，可以看出预测值与实测值吻合良好。

表 3-3 　本章模型计算值与现场实测值对比结果

道 次 数	1		2	3		4		5		6
轧制形式	立轧	平轧	平轧	立轧	平轧	立轧	平轧	平轧	立轧	平轧
厚度/mm	233.0	233.0	194.1	158.3	158.3	122.5	122.5	88.7	58.9	58.9
宽度/mm	1269.0	1267.0	1287.0	1294.2	1271.0	1292.5	1258.0	1284.4	1287.8	1261.0
减宽率/%	0.16	—	—	1.79	—	2.67	—	—	2.08	—
压下率/%	—	16.70	18.44	—	22.62	—	27.59	33.60	—	40.58
速度/m·s⁻¹	1.64	1.66	2.05	2.43	2.45	3.33	3.35	4.00	4.53	4.55
温度/℃	1162.0	1162.0	1157.0	1147.0	1147.0	1137.0	1137.0	1130.0	1114.0	1114.0
实测轧制力/MN	0.75	13.74	13.88	2.79	15.60	2.92	17.89	20.79	1.25	24.19
实测宽度/mm	—	1287.0	1294.2	—	1292.5	—	1284.4	1287.8	—	1279.0
预测轧制力/MN	0.79	14.23	14.32	2.89	15.98	3.02	18.62	21.52	1.27	24.97
预测宽度/mm	—	1280.5	1288.6	—	1289.4	—	1279.5	1282.4	—	1276.8
预测轧制力偏差/%	4.79	3.45	3.09	3.42	2.37	3.27	3.89	3.41	1.82	3.14
预测宽度偏差/%	—	0.51	0.43	—	0.24	—	0.38	0.42	—	0.17

3.4　本章小结

　　本章利用三维速度场研究了矩形板坯粗轧平轧宽展，结合有限元和 BP 神经网络方法研究了立轧狗骨形状回展，总结如下：

　　（1）将平面轧制和平面压缩情况的速度场加权，得到了考虑自然宽展的矩形板坯平轧过程中的三维速度场，采用能量法分析粗轧总功率泛函，利用 Matlab 最优化工具箱，得到粗轧轧制力和轧后宽展的数值解。根据粗轧现场实测的轧制力和宽度以及其他研究者模型的计算值，验证了本章模型对轧制力和宽展的预测精度良好。

　　（2）基于本章模型分析了不同工艺参数下宽展的变化规律。研究发现压下率增加时宽展明显增加，轧辊半径增加时宽展增加，板坯宽度增加时宽展减小，摩擦对宽展的影响比较复杂且影响较小。根据模型计算的大量数据和轧制工艺参数对宽展的影响规律，得到了宽展模型。采用类似的方法，得到了速度场中最优的加权系数的回归模型，在计算轧制力时，不必再使用 Matlab 最优化工具箱，加权系数回归模型大大简化了计算过程和计算时间。利用最优加权系数模型计算的轧制力预测值具有较高的命中率，因此能够应用于粗轧现场预测设定。

（3）针对立轧后狗骨形状回展的复杂问题提出了一种结合有限元和 BP 神经网络的研究方法。首先利用有限元模拟只消除立轧狗骨形状的平轧过程，确定不同轧制工艺参数下狗骨形状转化为狗骨回展的百分比 k_d；其次利用 BP 神经网络优化该回展百分比，得到 k_d 关于轧制工艺参数的回归模型，从而根据第 2 章计算的狗骨形状面积得到不同轧制规程下狗骨形状的平轧回展。利用以上模型预测立平轧时的宽展和轧制力与现场实测数据吻合良好。

参 考 文 献

[1] 刘相华，胡贤磊，杜林秀. 轧制参数计算模型及其应用 [M]. 北京：化学工业出版社，2007：144-178.

[2] Shibahara T, Misaka Y, Kono T, et al. Edger set-up model at roughing train in a hot strip mill [J]. Tetsu-to-Hagane, 1981, 67 (15)：2509-2151.

[3] 熊尚武，朱祥霖，刘相华，等. 热带粗轧机组调宽工艺中数学模型的建立 [J]. 上海金属，1997, 19 (1)：39-43.

[4] 采利科夫. 轧制原理手册 [M]. 北京：冶金工业出版社，1989：341-357.

[5] 孙一康. 冷热轧板带轧机的模型与控制 [M]. 北京：冶金工业出版社，2010：49-89.

[6] Ginzburg V B. 板带轧制工艺学 [M]. 马清东，陈荣清，译. 北京：冶金工业出版社，1998：191-232.

[7] Chitkara N, Johnson W. Some experimental results concerning spread in the rolling of lead [J]. Journal of Fluids Engineering, 1966, 88 (2)：489-499.

[8] 刘元铭. 热带钢粗轧立轧过程有限元模拟及双抛物线狗骨模型研究 [D]. 沈阳：东北大学，2014.

4 指数速度场解析精轧
轧制力数学模型

精轧是对中间坯继续进行延伸轧制以完成带钢尺寸的精确控制，同时控制带钢的性能，保证带钢的平直度的轧制工艺。关于精轧轧制力理论数学模型，一部分是基于 Karman 微分方程或 Orowan 微分方程，加上一定的假设条件推导出的经典轧制力模型，另一部分是 Alexander[1]、Sparling[2] 利用滑移线法得到的轧制力模型。Kobayashi 等[3]、Kazunori 等[4] 利用能量法建立了轧制变形的速度场，但是受到数学积分上的限制，他们并没有得到解析解。随着计算机的飞速发展，Mori 等[5]、Hwang 等[6] 采用有限元模拟方法，Lee 等[7]、Rath 等[8] 利用人工神经网络法分别分析了轧制力。然而有限元模拟计算时间相对较长，需要的存储空间大，人工神经网络对现场仪表测量精度要求高，对训练数据样本依赖程度大，这两种方法得到的结果均是离散值。

本章提出了一种满足精轧变形条件的指数速度场，分别采用主轴应变速率场和共线矢量内积方法求解内部塑性变形功率和摩擦功率，最终得到总功率泛函、轧制力矩和轧制力的解析解模型；利用模型研究了轧辊弹性压扁对轧制力的影响，以及不同轧制工艺参数下应力状态影响系数和中性面位置的变化规律。

4.1 指数速度场的建立

精轧区厚度为 $2h_0$ 的带钢通过原始半径为 R_0（压扁后半径为 R）的平辊轧制到厚度为 $2h_1$，单侧压下量 $\Delta h = h_0 - h_1$。坐标系的原点选在带钢入口横截面的中点处，x、y、z 分别表示带钢的长度方向、宽度方向和厚度方向，如图 4-1 所示。l 为接触弧在水平方向上的投影长度，α 为接触角，θ 为咬入角，如图 4-2 所示。根据板带轧制对称性质选取带钢变形区宽度方向和厚度方向的四分之一为研究对象，咬入区带钢的半厚度 $h_x(h_\alpha)$ 及其一阶导数和其他参数为

$$h_x = R + h_1 - \sqrt{R^2 - (l-x)^2}$$
$$h_\alpha = R + h_1 - R\cos\alpha \tag{4-1}$$

$$h'_x = -\frac{l-x}{\sqrt{R^2 - (l-x)^2}} = -\tan\alpha \tag{4-2}$$

$$l - x = R\sin\alpha, \quad \mathrm{d}x = -R\cos\alpha\,\mathrm{d}\alpha \tag{4-3}$$

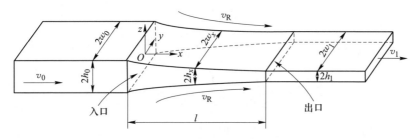

图 4-1　精轧咬入区示意图

精轧区带钢的形状满足变形区的投影长度 l 与带钢平均厚度 $2h_m$ 的比值（也称形状因子）大于 1，即 $l/(2h_m) > 1$；宽厚比大于 10，即 $w/h>10$。因此宽展可以忽略，则 $w_0 = w_x = w_1 = w$。指数函数 e^t 对于 t 为负数值时非常平坦，对于 t 为正数值时迅速攀升，在定义域为（0，$+\infty$）时其值域为（1，$+\infty$），且为单调递增的凹函数。本章根据精轧变形特点提出了新的指数速度场，各个速度分量为

$$v_x = v_0 \mathrm{e}^{1-\frac{h_x}{h_0}}$$

$$v_y = v_0 h'_x \left(\frac{1}{h_0} - \frac{1}{h_x} \right) \mathrm{e}^{1-\frac{h_x}{h_0}} y$$

$$v_z = v_0 \frac{h'_x}{h_x} \mathrm{e}^{1-\frac{h_x}{h_0}} z \tag{4-4}$$

根据 Cauchy 方程，应变速率场的分量为

$$\dot{\varepsilon}_x = \frac{\partial v_x}{\partial x} = -\frac{v_0 h'_x}{h_0} \mathrm{e}^{1-\frac{h_x}{h_0}}$$

$$\dot{\varepsilon}_y = \frac{\partial v_y}{\partial y} = v_0 h'_x \left(\frac{1}{h_0} - \frac{1}{h_x} \right) \mathrm{e}^{1-\frac{h_x}{h_0}}$$

$$\dot{\varepsilon}_z = \frac{\partial v_z}{\partial z} = v_0 \frac{h'_x}{h_x} \mathrm{e}^{1-\frac{h_x}{h_0}} \tag{4-5}$$

根据式（4-4）和式（4-5）可得，入口处 $v_x|_{x=0} = v_0$，$v_y|_{y=0} = 0$，$v_z|_{z=0} = 0$；带钢与轧辊接触处 $v_z|_{z=h_x} = -v_x\tan\alpha$；应变速率场满足 $\dot{\varepsilon}_x + \dot{\varepsilon}_y + \dot{\varepsilon}_z = 0$，则该速度场满足速度边界条件，应变速率场满足体积不变条件，因此式（4-4）和式（4-5）是满足运动许可条件的速度场和应变速率场。

4.2　精轧总功率泛函构建

4.2.1　内部塑性变形功率

假设式（4-5）为主轴应变速率场，将等效应变速率代入塑性变形功率 $\dot{W}_i$ 后

整理为

$$\dot{W}_i = \int_V \bar{\sigma}\dot{\bar{\varepsilon}}\mathrm{d}V = 4\sigma_s \int_0^l \int_0^w \int_0^{h_x} \dot{\bar{\varepsilon}}\mathrm{d}x\mathrm{d}y\mathrm{d}z = 4\sigma_s \int_0^l \int_0^w \int_0^{h_x} \sqrt{\frac{2}{3}}\sqrt{\dot{\varepsilon}_x^2 + \dot{\varepsilon}_y^2 + \dot{\varepsilon}_z^2}\,\mathrm{d}x\mathrm{d}y\mathrm{d}z$$

$$= -\frac{8\sigma_s v_0}{\sqrt{3}}\int_0^l \int_0^w \int_0^{h_x} h_x' \mathrm{e}^{1-\frac{h_x}{h_0}}\sqrt{\frac{1}{h_0^2} - \frac{1}{h_0 h_x} + \frac{1}{h_x^2}}\,\mathrm{d}x\mathrm{d}y\mathrm{d}z$$

$$= -\frac{8\sigma_s v_0 w h_0 \mathrm{e}}{\sqrt{3}}\int_0^l \mathrm{e}^{-\frac{h_x}{h_0}}\sqrt{1 + \frac{h_x^2}{h_0^2} - \frac{h_x}{h_0}}\,\mathrm{d}\frac{h_x}{h_0} \tag{4-6}$$

根据泰勒展开式，当$-1<t<1$时，$(1+t)^m \approx 1+mt$。则式（4-6）为

$$\dot{W}_i = -\frac{4\sigma_s v_0 w h_0 \mathrm{e}}{\sqrt{3}}\int_0^l \mathrm{e}^{-\frac{h_x}{h_0}}\left(2 + \frac{h_x^2}{h_0^2} - \frac{h_x}{h_0}\right)\mathrm{d}\frac{h_x}{h_0} = \frac{4\sigma_s U}{\sqrt{3}}\left[\mathrm{e}^r(r^2 - 3r + 5) - 5\right] \tag{4-7}$$

式中，U 为秒流量，m^3/s，$U = v_0 h_0 w = v_n h_n w = v_R \cos\alpha_n w(R + h_1 - R\cos\alpha_n)$；$r$ 为压下率，$r = \dfrac{\Delta h}{h_0}$。

从式（4-7）可以得出，内部塑性变形功率是随压下率增加而增加的泛函。

4.2.2　共线矢量内积求解摩擦功率

摩擦功率作用在带钢与轧辊接触面上，如图 4-2 所示，轧辊表面的方程为

$$z = h_x = R + h_1 - \sqrt{R^2 - (l - x)^2} \tag{4-8}$$

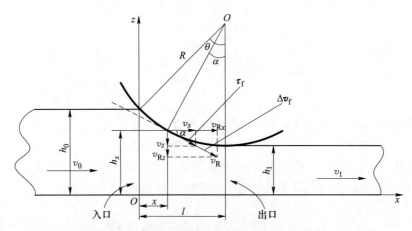

图 4-2　带钢与轧辊接触面上的共线矢量 $\boldsymbol{\tau}_f$ 和切向速度不连续量 $\Delta\boldsymbol{v}_f$

根据指数速度场，接触面 $z = h_x$ 上切向速度不连续量 $\Delta\boldsymbol{v}_f$ 的各个分量分别为

$$\Delta v_x = v_R \cos\alpha - v_0 \mathrm{e}^{1-\frac{h_x}{h_0}}$$

$$\Delta v_y = - v_0 h'_x \left(\frac{1}{h_0} - \frac{1}{h_x} \right) \mathrm{e}^{1 - \frac{h_x}{h_0}} y$$

$$\Delta v_z = v_R \sin\alpha - v_0 \tan\alpha \mathrm{e}^{1 - \frac{h_x}{h_0}}$$

(4-9)

由图 4-2 可知，带钢与轧辊的摩擦应力 $\boldsymbol{\tau}_f = mk$ 和切向速度不连续量 $\Delta \boldsymbol{v}_f$ 在接触面上一直为共线矢量，因此采用共线矢量内积的方法在整个接触面上对摩擦功率进行积分，如式（4-10）所示。

$$\dot{W}_f = 4 \int_0^l \int_0^w \boldsymbol{\tau}_f | \Delta \boldsymbol{v}_f | \mathrm{d}F = 4 \int_0^l \int_0^w \boldsymbol{\tau}_f \Delta \boldsymbol{v}_f \mathrm{d}F = 4 \int_0^l \int_0^w (\tau_{fx} \Delta v_x + \tau_{fy} \Delta v_y + \tau_{fz} \Delta v_z) \mathrm{d}F$$

$$= 4mk \int_0^l \int_0^w (\Delta v_x \cos\alpha + \Delta v_y \cos\beta + \Delta v_z \cos\gamma) \mathrm{d}F$$

(4-10)

式中，$\cos\alpha$、$\cos\beta$ 和 $\cos\gamma$ 分别为 $\boldsymbol{\tau}_f$ 或 $\Delta \boldsymbol{v}_f$ 与坐标轴相交的方向余弦；α、β 和 γ 分别为 $\boldsymbol{\tau}_f$ 或 $\Delta \boldsymbol{v}_f$ 与坐标轴 x，y 和 z 的夹角，rad。

由于切向速度不连续量 $\Delta \boldsymbol{v}_f$ 与轧辊表面是同一个方向，因此根据式（4-8）可以得到方向余弦分别为

$$\cos\alpha = \pm \frac{\sqrt{R^2 - (l - x)^2}}{R}, \quad \cos\beta = 0, \quad \cos\gamma = \pm \frac{l - x}{R} = \sin\alpha$$

(4-11)

进而根据式（4-8）得到轧辊表面的微元为

$$\mathrm{d}F = \sqrt{1 + (h'_x)^2} \mathrm{d}x\mathrm{d}y = \sec\alpha \mathrm{d}x\mathrm{d}y$$

(4-12)

将式（4-9）、式（4-11）和式（4-12）代入式（4-10）并积分可得

$$\dot{W}_f = 4mkw \left[\int_0^l \left(v_R \cos\alpha - v_0 \mathrm{e}^{1 - \frac{h_x}{h_0}} \right) \mathrm{d}x + \int_0^l \left(v_R \sin\alpha - v_0 \tan\alpha \mathrm{e}^{1 - \frac{h_x}{h_0}} \right) \tan\alpha \mathrm{d}x \right]$$

$$= 4mkw (I_1 + I_2)$$

(4-13)

$$I_1 = \int_0^l \left(v_R \cos\alpha - v_0 \mathrm{e}^{1 - \frac{h_x}{h_0}} \right) \mathrm{d}x = \int_0^{x_n} \left(v_R \cos\alpha - v_0 \mathrm{e}^{1 - \frac{h_x}{h_0}} \right) \mathrm{d}x - \int_{x_n}^l \left(v_R \cos\alpha - v_0 \mathrm{e}^{1 - \frac{h_x}{h_0}} \right) \mathrm{d}x$$

$$= v_R R \left(\frac{\theta}{2} - \alpha_n + \frac{\sin 2\theta}{4} - \frac{\sin 2\alpha_n}{2} \right) + g_f v_0 R \sin\alpha_n + g_b v_0 R (\sin\alpha_n - \sin\theta)$$

(4-14)

$$I_2 = \int_0^l \left(v_R \sin\alpha - v_0 \tan\alpha \mathrm{e}^{1 - \frac{h_x}{h_0}} \right) \tan\alpha \mathrm{d}x$$

$$= \int_0^{x_n} \left(v_R \sin\alpha \tan\alpha - v_0 \tan^2\alpha \mathrm{e}^{1 - \frac{h_x}{h_0}} \right) \mathrm{d}x - \int_{x_n}^l \left(v_R \sin\alpha \tan\alpha - v_0 \tan^2\alpha \mathrm{e}^{1 - \frac{h_x}{h_0}} \right) \mathrm{d}x$$

$$= v_R R \left(\frac{\theta}{2} - \alpha_n + \frac{\sin 2\alpha_n}{2} - \frac{\sin 2\theta}{4} \right) + g_f v_0 R \left[\ln \frac{1 + \cos\alpha_n + \sin\alpha_n}{1 + \cos\alpha_n - \sin\alpha_n} - \sin\alpha_n \right] +$$

$$g_b v_0 R \left[\ln \frac{(1 + \cos\alpha_n + \sin\alpha_n)(1 + \cos\theta - \sin\theta)}{(1 + \cos\alpha_n - \sin\alpha_n)(1 + \cos\theta + \sin\theta)} + \sin\theta - \sin\alpha_n \right]$$

(4-15)

式中，g_b 和 g_f 分别为后滑区和前滑区参数，$g_b = \mathrm{e}^{1 - \frac{h_{mb}}{h_0}}$，$g_f = \mathrm{e}^{1 - \frac{h_{mf}}{h_0}}$，其中 h_{mb} 和 h_{mf}

分别为后滑区和前滑区的平均厚度，$h_{mb} = \dfrac{h_0 + h_{\alpha_n}}{2}$，$h_{mf} = \dfrac{h_1 + h_{\alpha_n}}{2}$，m。

将式（4-14）和式（4-15）代入式（4-13）得摩擦功率为

$$\dot{W}_f = 4mkwR\left\{v_R(\theta - 2\alpha_n) + \frac{U}{h_0 w}\left[g_b \ln \frac{(1 + \cos\alpha_n + \sin\alpha_n)(1 + \cos\theta - \sin\theta)}{(1 + \cos\alpha_n - \sin\alpha_n)(1 + \cos\theta + \sin\theta)} + \right.\right.$$

$$\left.\left. g_f \ln \frac{1 + \cos\alpha_n + \sin\alpha_n}{1 + \cos\alpha_n - \sin\alpha_n}\right]\right\} \tag{4-16}$$

从式（4-16）可以得出，摩擦功率是随咬入角和轧辊半径增加而增加的泛函。

4.2.3　入口剪切功率

根据指数速度场可知，在变形区出口处有

$$h'_{x=l} = 0$$

$$v_z|_{x=l} = v_y|_{x=l} = 0 \tag{4-17}$$

则出口处没有剪切功率，但是在入口处有

$$v_y|_{x=0} = 0$$

$$v_z|_{x=0} = -\frac{v_0\tan\theta}{h_0}z \tag{4-18}$$

则剪切功率为

$$\dot{W}_s = 4k\int_0^{h_0}\int_0^w |\Delta v_t|\,\mathrm{d}y\mathrm{d}z = 4k\int_0^{h_0}\int_0^w \sqrt{v_y^2 + v_z^2}\,\mathrm{d}y\mathrm{d}z$$

$$= 4k\int_0^w\int_0^{h_0} \frac{v_0\tan\theta}{h_0}z\,\mathrm{d}y\mathrm{d}z = 2kwh_0 v_0\tan\theta = 2kU\tan\theta \tag{4-19}$$

从式（4-19）可以得出，剪切功率是随咬入角增加而增加的泛函。

4.2.4　总功率泛函与应力状态影响系数

将式（4-7）、式（4-16）和式（4-19）代入 $J^* = \dot{W}_i + \dot{W}_s + \dot{W}_f$ 可得到精轧变形区总功率泛函 J^* 解析表达式为

$$J^* = \frac{4\sigma_s U}{\sqrt{3}}\left[e^r(r^2 - 3r + 5) - 5\right] + 2kU\tan\theta + 4mkbR\left\{v_R(\theta - 2\alpha_n) + \right.$$

$$\left. \frac{U}{wh_0}\left[g_b \ln \frac{(1 + \cos\alpha_n + \sin\alpha_n)(1 + \cos\theta - \sin\theta)}{(1 + \cos\alpha_n - \sin\alpha_n)(1 + \cos\theta + \sin\theta)} + g_f \ln \frac{1 + \cos\alpha_n + \sin\alpha_n}{1 + \cos\alpha_n - \sin\alpha_n}\right]\right\}$$

$$\tag{4-20}$$

将式（4-20）总功率泛函 J^* 对任意的 α_n 求导，并令导数等于零，则

$$\frac{\mathrm{d}J^*}{\mathrm{d}\alpha_n} = \frac{\mathrm{d}\dot{W}_i}{\mathrm{d}\alpha_n} + \frac{\mathrm{d}\dot{W}_s}{\mathrm{d}\alpha_n} + \frac{\mathrm{d}\dot{W}_f}{\mathrm{d}\alpha_n} = 0 \qquad (4\text{-}21)$$

式（4-21）中各个功率的导数分别为

$$\frac{\mathrm{d}\dot{W}_i}{\mathrm{d}\alpha_n} = \frac{4\sigma_s N}{\sqrt{3}}\left[\,\mathrm{e}^r(r^2 - 3r + 5) - 5\,\right] \qquad (4\text{-}22)$$

$$\frac{\mathrm{d}\dot{W}_s}{\mathrm{d}\alpha_n} = 2kN\tan\theta \qquad (4\text{-}23)$$

$$\frac{\mathrm{d}\dot{W}_f}{\mathrm{d}\alpha_n} = 4mkwR\left\{-2v_R + \frac{U(g_b + g_f)}{h_0 w\cos\alpha_n} + \left(\frac{N}{h_0 w} - \frac{UR\sin\alpha_n}{2h_0^2 w}\right)\right.$$
$$\left[g_b\ln\frac{(1 + \cos\alpha_n + \sin\alpha_n)(1 + \cos\theta - \sin\theta)}{(1 + \cos\alpha_n - \sin\alpha_n)(1 + \cos\theta + \sin\theta)} + \right.$$
$$\left.\left. g_f\ln\frac{1 + \cos\alpha_n + \sin\alpha_n}{1 + \cos\alpha_n - \sin\alpha_n}\right]\right\} \qquad (4\text{-}24)$$

$$N = \frac{\mathrm{d}U}{\mathrm{d}\alpha_n} = v_R wR\sin2\alpha_n - v_R w(R + h_1)\sin\alpha_n$$

根据式（4-21）可以得到摩擦因数 m 为

$$m = \left\{\frac{\sigma_s N}{\sqrt{3}}\left[\,\mathrm{e}^r(r^2 - 3r + 5) - 5\,\right] + \frac{kN\tan\theta}{2}\right\}\Big/$$

$$kwR\left\{2v_R - \frac{U(g_b + g_f)}{h_0 w\cos\alpha_n} - \left(\frac{N}{h_0 w} - \frac{UR\sin\alpha_n}{2h_0^2 w}\right)\left[g_f\ln\frac{1 + \cos\alpha_n + \sin\alpha_n}{1 + \cos\alpha_n - \sin\alpha_n} + \right.\right.$$

$$\left.\left. g_b\ln\frac{(1 + \cos\alpha_n + \sin\alpha_n)(1 + \cos\theta - \sin\theta)}{(1 + \cos\alpha_n - \sin\alpha_n)(1 + \cos\theta + \sin\theta)}\right]\right\} \qquad (4\text{-}25)$$

不同生产条件下的 α_n 值可以通过求解式（4-21）得到，将求解得到的 α_n 代入式（4-20）得到总功率泛函的最小值 $J^*_{\min}$，则相应的轧制力矩、轧制力和应力状态影响系数为

$$M = \frac{RJ^*_{\min}}{2v_R}, \quad F = \frac{M}{\chi l}, \quad n_\sigma = \frac{F}{4wlk} \qquad (4\text{-}26)$$

式中，χ 为精轧力臂系数。

4.2.5 精轧力臂系数的选取

轧制力臂是指轧制变形区接触弧上单位压力分布图的重心到轧辊连心线的距离，为了消除几何因素对力臂的影响，通常用力臂系数（即力臂与接触弧长度的

比值）来表示。

关于力臂系数方面的研究较少，20 世纪中期，苏联人对热轧过程中的力臂系数做了一定的研究[9]。瓦尔克维斯特利用 340 mm 实验轧机，使用了 16 个钢种的试样，轧制的温度范围为 800~1100 ℃，压下率为 10%~40%。对于低碳钢来说，实验得到力臂系数的范围是 0.3~0.47，而对于高碳钢以及其他钢种来说，力臂系数的值将在更大的范围内变化。尼基京等采用了 15 个牌号的耐热钢及精密合金的板材试样研究了热轧过程中的力臂系数，试样厚度分别为 30 mm 和 45 mm，轧制速度为 1~2 m/s，轧制的温度为 1000~1200 ℃，压下率为 7%~30%，实验获得的力臂系数范围为 0.18~0.3。赵志业[10]指出力臂系数与轧件的厚度有关：对于厚件来说，由于单位压力峰值更靠近轧件入口侧的影响，合力作用点位置也偏向入口处，力臂系数通常大于 0.5；而对于薄件则相反，合力作用点位置偏向出口侧，其力臂系数小于 0.5，并且热轧时力臂系数范围为 0.3~0.6。孙一康[11]指出热轧精轧机组力臂系数范围为 0.39~0.44，并且力臂系数与变形区几何形状和摩擦因数等因素有关。Pietrzyk[12]从能量法和物理实验两方面入手，得到了力臂系数与压下率和接触弧长的指数拟合模型。Andrade 等[13]通过实验模拟得到了相似的考虑压下率和接触弧长的力臂系数拟合模型。Klarin 等[14]利用滑移线场和数值计算程序研究了热轧时工艺参数对力臂系数的影响。

关于力臂系数的模型也比较少，大多数模型是根据不同轧制的特点给出一定的力臂系数范围，而力臂系数是与变形区几何形状和压下率等因素相关的参数，给出其范围在计算时难以确定具体的数值。Pietrzyk 和 Andrade 分别给出了考虑压下率和接触弧长的模型，两者在相同的轧制参数下计算的力臂系数存在一定的偏差，所以综合采用两者模型，为降低偏差，取其相加之后的平均值用于本章力臂系数的计算。

4.3　精轧轧制参数验证与分析

为了提高轧制力模型的预测精度，本章模型考虑了轧辊弹性压扁的影响，使用的压扁模型如式（4-27）所示[11]。

$$R = R_0\left(1 + 5.5\,\frac{F_{\min}}{w\Delta h}\right) \tag{4-27}$$

从式（4-26）和式（4-27）可知轧制力与压扁半径相互耦合，采用迭代的方法来求解，直到前后两次迭代计算的压扁半径满足收敛条件时终止迭代。本章选取的收敛条件为 $|R_i - R_{i-1}|/R_i \leqslant 0.001$。首先利用轧辊的原始半径 R_0 根据本章模型计算内部塑性变形功率、剪切功率和摩擦功率，得到总功率泛函；其次，将总功率泛函最小化，根据式（4-26）求得轧制力矩和轧制力，最后依据式

（4-27）求出压扁半径，判断压扁半径是否收敛，若不收敛重新计算，直到压扁半径收敛，计算流程如图 4-3 所示。

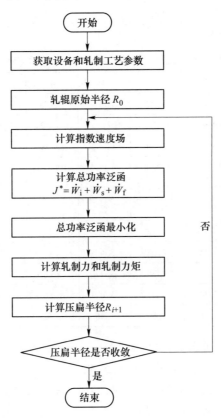

图 4-3 考虑弹性压扁的轧制力计算流程

4.3.1 轧制力能参数验证

为了验证本章模型的精度，选取某热轧厂实际生产数据与模型预测的轧制力对比。以 Q235 带钢产品为例，连铸板坯的尺寸为 180 mm ×480 mm×7000 mm，经过粗轧之后厚度从 180 mm 减小到 50 mm，然后经过 7 机架精轧达到成品厚度 5.75 mm。1~7 机架的轧辊转速 v_R、带钢温度 t 等参数和对比结果如表 4-1 所示。带钢温度预测模型采用文献 [15] 中的方法，该方法利用精轧机组前后测温仪测得的带钢温度，根据各机架轧制力情况确定温度偏差分配系数，按此系数将终轧温度偏差分配到各冷却区段，得到精度更高的温度预测自学习模型。计算过程中 Q235 钢的变形抗力模型为[16]

$$\sigma_s = \sigma_0 e^{(a_1 T - a_2)} \left(\frac{\dot{\varepsilon}}{10} \right)^{(a_3 T - a_4)} \left[a_6 \left(\frac{\varepsilon}{0.4} \right)^{a_5} - (a_6 - 1) \frac{\varepsilon}{0.4} \right] \tag{4-28}$$

式中，σ_0 为变形抗力基值，MPa，$\sigma_0 = 150$ MPa；$a_1 \sim a_6$ 为回归系数，$a_1 = -2.8685$，$a_2 = 3.6573$，$a_3 = 0.2121$，$a_4 = -0.1531$，$a_5 = 0.3912$，$a_6 = 1.4403$；T 为温度系数，K，$T = \dfrac{t + 273}{1000}$；$\varepsilon$ 为真应变；$\dot{\varepsilon}$ 为应变速率，1/s。

表 4-1　本章模型使用参数和预测的轧制力值与现场实测轧制力值对比结果

机架号	1	2	3	4	5	6	7
$v_R / \mathrm{m \cdot s^{-1}}$	1.01	1.42	2.03	3.01	4.04	5.41	6.14
$t / ℃$	1039.3	1030.43	1021.95	1014.21	1005.64	995.87	984.64
$r / \%$	29.66	29.06	30.02	32.59	25.49	25.43	11.77
R_0 / mm	331.50	317.50	182.75	190.50	194.10	198.10	199.35
R / mm	336.61	323.94	186.53	195.68	201.87	208.32	214.02
迭代次数	2	2	2	2	2	3	3
F_1 / MN	5.19	4.72	3.52	3.53	2.76	2.65	1.32
F_2 / MN	5.15	4.68	3.49	3.49	2.71	2.59	1.28
$F_{\mathrm{mea}} / \mathrm{MN}$	4.84	4.35	3.47	3.48	2.68	2.52	1.23
$(F_1 - F_{\mathrm{mea}}) / F_{\mathrm{mea}} / \%$	7.11	8.65	1.47	1.36	2.90	5.13	7.63
$(F_2 - F_{\mathrm{mea}}) / F_{\mathrm{mea}} / \%$	6.30	7.59	0.48	0.12	1.03	2.81	4.04

采用式（4-26）预测的各机架的轧制力与现场的实测值 F_{mea} 对比结果如表4-1所示。同时为了确定轧辊弹性压扁对轧制力预测的影响，表中分别给出了未考虑轧辊弹性压扁和考虑轧辊弹性压扁时各机架轧制力的预测值 F_1 和 F_2、轧辊压扁半径和迭代次数。从表中可以看出热轧时轧辊弹性压扁对轧制力的影响不大，轧辊压扁半径变化不明显。当考虑弹性压扁后，计算的轧制力会略微减小，更接近现场的实测值。本章模型预测的轧制力比现场的实测值略大，这符合上界法计算的特点，预测值与实测值的偏差小于 7.59%。

图4-4给出了表4-1中各个机架的压下率及对应的内部塑性变形功率 $\dot{W}_i$、剪切功率 $\dot{W}_s$ 和摩擦功率 $\dot{W}_f$ 占总功率的 $J^*_{\min}$ 的比例。从图中可以看出，内部塑性变形功率占的比例最大，摩擦功率次之，剪切功率占的比例最小，这也体现了精轧带钢的较薄，满足形状因子 $l / (2h_m) > 1$ 的特点。

图4-5给出了不同压下率时本章模型预测的轧制力与 Sims 模型、Ford-Alexander[11] 模型、Moon[17] 模型和 Chen[18] 模型计算的轧制力的对比结果。从图中可以看出，除 Chen 模型计算的轧制力偏大外，本章模型预测的轧制力与其他模型吻合良好，偏差小于 9.02%，再结合表4-1中的数据发现本章模型的预测精度良好，能够分析精轧过程并且满足现场轧制力设定值计算的精度要求。

图4-6给出了轧制力、轧制力矩、轧制功率和应力状态影响系数随着压下率

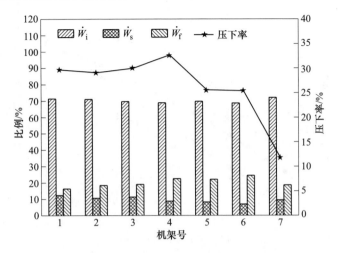

图 4-4　各个机架的压下率及三个功率所占总功率的比例

的变化规律（为了方便图形显示，实际的轧制力、轧制功率分别为图中所示值的 90 倍、50 倍）。从图中可以看出，随着压下率增加，变形区增加，参与变形的金属增加，轧制力几乎呈线性增加；由于力臂系数的增加，轧制力矩和轧制功率呈非线性增加；受变形区接触弧水平投影长度增加的影响，应力状态影响系数也呈增加趋势，但增加的幅度逐渐减小。

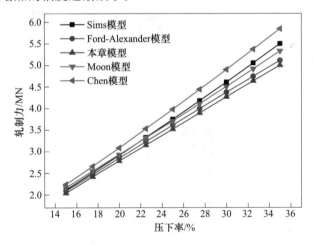

图 4-5　不同压下率下本章模型计算的轧制力与其他模型计算的轧制力对比

4.3.2　工艺参数对中性面位置的影响

　　压下率和轧辊半径 R/h_0 对中性面位置 x_n/l 的影响如图 4-7 所示。从图中可以看出，当压下率增加或者轧辊半径减小时，中性面位置向出口移动。由于精轧时

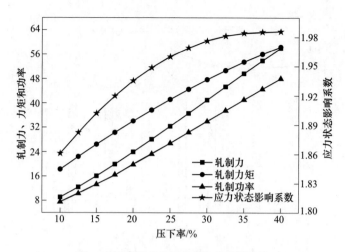

图 4-6　不同压下率时力能参数的变化

$l/(2h_m)>1$，变形完全渗透到带钢中心，因此压下率增加时，轧制变形区的长度和被压下的金属体积增加，中性面位置向出口移动，前滑减小。当轧辊半径增加时，轧制变形区的长度增加，但是中性面位置向入口移动，前滑增加，并且当 $R/h_0 < 100$ 时，中性面位置变化明显。

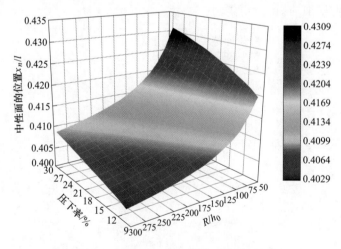

图 4-7　压下率和 R/h_0 对中性面位置的影响

（扫描书前二维码看彩图）

　　图 4-8 给出了摩擦因子和形状因子 $l/(2h_m)$ 对中性面位置的影响，由于精轧变形渗透到带钢中心，形状因子对中性面位置影响较小。当摩擦因子减小时，中性面向出口移动，前滑值减小。此外，从图中可以看出当摩擦因子小于 0.4 时，中性面位置剧烈变化，但是在精轧实际生产的工作条件摩擦因子 0.6 附近，中性

面位置变化较平稳。从图 4-7 和图 4-8 可以看出，精轧时变形区的中性面更靠近带钢的入口。

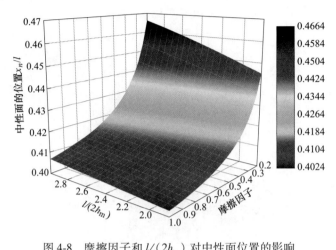

图 4-8　摩擦因子和 $l/(2h_m)$ 对中性面位置的影响

（扫描书前二维码看彩图）

4.3.3　工艺参数对应力状态影响系数的影响

不同摩擦因子和形状因子对应力状态影响系数的影响如图 4-9 所示。从图 4-9 可以看出摩擦功率在总功率中占有一定的比例，当摩擦因子或形状因子增加时，应力状态影响系数几乎呈线性增加，并且摩擦因子对应力状态影响系数的影响较大。此外，当摩擦因子较小时，形状因子对应力状态影响系数的影响较小。

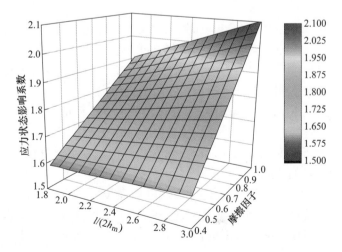

图 4-9　摩擦因子和 $l/(2h_m)$ 对应力状态影响系数的影响

（扫描书前二维码看彩图）

图 4-10 给出了不同压下率和轧辊半径对应力状态影响系数的影响。从图中可以看出，当压下率或轧辊半径增加时，应力状态影响系数呈非线性增加，且当 R/h_0 较大时，压下率对应力状态影响系数的影响越大。

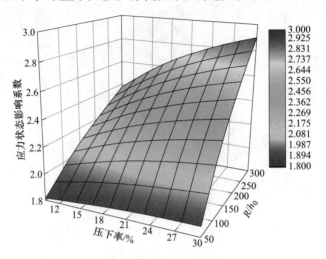

图 4-10　压下率和 R/h_0 对应力状态影响系数的影响

（扫描书前二维码看彩图）

4.4　本章小结

本章根据热轧精轧带钢的变形特点，利用指数速度场研究了轧制过程中的力能参数，总结如下：

（1）基于变形区的投影长度与带钢平均厚度的比值大于 1，并且宽厚比大于 10 的特点，建立满足精轧过程运动许可条件的指数速度场，分别采用主轴应变速率场和共线矢量内积方法求解内部塑性变形功率、剪切功率和摩擦功率，最终得到总功率泛函、轧制力矩和轧制力的解析解。

（2）将轧制力的解析解与现场实测数据和其他模型的计算值对比，发现结果吻合良好。在计算时考虑轧辊弹性压扁影响，由于热轧时材料的变形抗力相对较小，轧辊半径压扁变化不明显，但是当考虑弹性压扁后计算的轧制力会减小，计算值更接近现场的实测值。

（3）利用本章模型研究了工艺参数对中性面位置的影响。研究发现当压下率增加、轧辊半径减小或者摩擦因子减小时，中性面位置向出口移动，前滑减小，而形状因子对中性面位置影响较小。此外，精轧时变形区的中性面更靠近带钢的入口。

（4）精轧带钢较薄，满足 $l/(2h_m)>1$，内部塑性变形功率占总功率的比例最大，摩擦功率次之，剪切功率占总功率的比例最小。当摩擦因子或形状因子增加时，应力状态影响系数几乎呈线性增加。当压下率或轧辊半径增加时，应力状态影响系数呈非线性增加。

参 考 文 献

［1］ Alexander J M. A slip line field for the hot rolling process ［J］. Proceedings of the Institution of Mechanical Engineers，1955，169（1）：1021-1030.

［2］ Sparling L. The evaluation of load and torque in hot flat rolling from slip line fields ［J］. Proceedings of the Institution of Mechanical Engineers，Part A：Power and Process Engineering，1983，197（4）：277-285.

［3］ Oh S I，Kobayashi S. An approximate method for a three-dimensional analysis of rolling ［J］. International Journal of Mechanical Sciences，1975，17（4）：293-305.

［4］ Kazunori K，Tadao M，Toshihiko K. Flat-rolling of rigid-perfectly plastic solid bar by the energy method ［J］. Journal of the Japan Society for Technology of Plasticity，1980，21（231）：359-369.

［5］ Mori K，Osakada K，Oda T. Simulation of plane-strain rolling by the rigid-plastic finite element method ［J］. International Journal of Mechanical Sciences，1982，24（9）：519-527.

［6］ Hwang S M，Joun M S. Analysis of hot-strip rolling by a penalty rigid-viscoplastic finite element method ［J］. International Journal of Mechanical Sciences，1992，34（12）：971-984.

［7］ Lee D，Lee Y. Application of neural-network for improving accuracy of roll-force model in hot-rolling mill ［J］. Control Engineering Practice，2002，10（4）：473-478.

［8］ Rath S，Singh A P，Bhaskar U，et al. Artificial neural network modeling for prediction of roll force during plate rolling process ［J］. Materials and Manufacturing Processes，2010，25（1/2/3）：149-153.

［9］ 采利科夫. 轧制原理手册 ［M］. 北京：冶金工业出版社，1989：341-357.

［10］ 赵志业. 金属塑性变形与轧制原理 ［M］. 北京：冶金工业出版社，1980：394-398.

［11］ 孙一康. 冷热轧板带轧机的模型与控制 ［M］. 北京：冶金工业出版社，2010：49-89.

［12］ Pietrzyk M. Wspolczynnik ksztaltu strefy odksztalcenia jako kryterium oceny parametrow silowych procesu walcowania goraco ［J］. Hutnik，1983，50（1）：12-18.

［13］ Andrade H L，Roldan A J，Pereira J E. A mathematical model for rolling schedule design and computer control of the USIMINAS 4100 mm plate mill ［C］. Proceedings of the 4th International Steel Rolling Conference，1987：71-77.

［14］ Klarin K，Mouton J P，Lundberg S E. Application of computerized slip-line-field analysis for the calculation of the lever-arm coefficient in hot-rolling mills ［J］. Journal of Materials Processing Technology，1993，36（4）：427-446.

［15］ 李海军，时立军，徐建忠，等. 带钢热连轧机组温度模型及其自学习方法 ［J］. 东北大学学报（自然科学版），2009，30（3）：369-372.

［16］ 王学慧，刘春阳，邓永存，等. Q235 钢变形抗力的数学模型 ［J］. 金属世界，2011，

21 (2): 40-43.

[17] Moon C H, Lee Y. Approximate model for predicting roll force and torque in plate rolling with peening effect considered [J]. ISIJ International, 2008, 48 (10): 1409-1418.

[18] Chen S X, Li W G, Liu X H. Calculation of rolling pressure distribution and force based on improved Karman equation for hot strip mill [J]. International Journal of Mechanical Sciences, 2014, 89: 256-263.

5 弹塑性理论解析冷轧力能参数数学模型

轧制力模型是决定冷轧带钢厚度和板形质量精度的关键因素之一。冷轧轧制力数学模型大多基于 Karman 微分方程和 Orowan 微分方程，通过对带钢与轧辊接触弧方程、摩擦力的分布变化规律和边界条件等做出不同的假设，推导出适用研究对象的轧制力模型。近年来，许多研究者采用有限元模拟和人工神经网络法分析轧制力，但只得出各自研究范围内的预测结果，极少数研究者采用上界法[1]或上界元法[2]得到轧制力的数值解，而采用能量法得到冷轧过程解析解的研究还未见报道。

本章首先分析了变形区出口、入口弹性区，对于弹性区轧制力的计算采用了广义胡克定律，与其他研究者只简单考虑平面变形的胡克定律相比，提高了模型的计算精度，并且在计算变形区长度和高度时也考虑了前后张力的影响。在对弹性区积分时，其他研究者把入口弹性变形区和出口弹性恢复区的接触弧简化为直线或者二次曲线，采用近似的方法对变形区进行积分，而本研究未对此做简化处理，直接将对长度的积分转化为对角度的积分，因此得到了更精确的弹性区轧制力。关于塑性区计算，本章考虑了张力功率对总功率的影响和前后张力对材料变形抗力的影响。在计算轧制力时，考虑了轧制力与压扁半径的耦合关系，采用迭代的方法解耦，得到了精确的轧制力解析模型。针对冷轧力臂系数难以确定的问题，本章提出了一种融合现场数据、有限元模拟和神经网络的力臂系数模型的构建方法。

5.1 冷轧弹性区轧制力模型

冷轧时材料的变形抗力大，轧辊压扁明显，与热轧相比其变形区内存在着较大的弹性变形区域，因此将轧制变形区分为入口弹性变形区 Ⅰ、塑性变形区 Ⅱ 和出口弹性恢复区 Ⅲ，如图 5-1 所示。以带钢塑性变形区入口横截面的中点为原点建立坐标系，x、y、z 分别表示带钢的长度方向、宽度方向和厚度方向。轧辊的原始半径为 R_0，压扁后的半径为 R，带钢入口厚度为 $2h_{in}$，出口厚度为 $2h_{out}$。在塑性变形区 Ⅱ 中，靠近入口侧带钢厚度为 $2h_0$，靠近出口侧带钢厚度为 $2h_1$，单侧压下量 $\Delta h = h_0 - h_1$，塑性变形区接触弧在轧制方向上的投影长度为 l。选取带钢

变形区的四分之一为研究对象，则咬入区带钢半厚度 $h_x(h_\alpha)$ 及其一阶导数和其他参数的计算方法为

$$h_x = R + h_1 - \sqrt{R^2 - (l - x)^2} \tag{5-1}$$

$$h_\alpha = R + h_1 - R\cos\alpha$$

$$h'_x = - \frac{l - x}{\sqrt{R^2 - (l - x)^2}} = - \tan\alpha \tag{5-2}$$

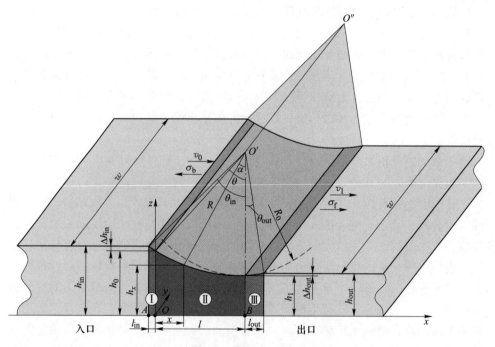

图 5-1　冷轧过程中轧制变形区示意图

冷轧时带钢的宽厚比远远大于 10，因此宽展可以忽略，近似成平面变形。在入口处，根据广义胡克定律，考虑平面变形状态有

$$\sigma_x = \sigma_b$$

$$\sigma_y = \nu_s(\sigma_x + \sigma_z)$$

$$\varepsilon_z = \frac{1}{E_s}[\sigma_z - \nu_s(\sigma_x + \sigma_y)] \tag{5-3}$$

式中，σ_x、σ_y、σ_z 分别为入口处带钢微分单元轧制方向、宽度方向、厚度方向所有的应力，Pa；σ_b 为后张力，Pa；ν_s 为带钢的泊松比；E_s 为带钢的弹性模量，Pa。

整理式（5-3）可得

$$\varepsilon_z = \frac{1 - \nu_s^2}{E_s}\left(\sigma_z - \frac{\nu_s}{1 - \nu_s}\sigma_b\right) \tag{5-4}$$

同理可以得到出口处厚度方向的应变，则入口弹性变形区 I 和出口弹性恢复区 III 的压下半厚度 Δh_{in} 和 Δh_{out} 分别为

$$\Delta h_{in} = \frac{1 - \nu_s^2}{E_s}h_{in}\left(\sigma_{sin} - \frac{\nu_s}{1 - \nu_s}\sigma_b\right) \tag{5-5}$$

$$\Delta h_{out} = \frac{1 - \nu_s^2}{E_s}h_{out}\left(\sigma_{sout} - \frac{\nu_s}{1 - \nu_s}\sigma_f\right) \tag{5-6}$$

式中，σ_{sin} 和 σ_{sout} 分别为入口侧和出口侧带钢的变形抗力，Pa；σ_f 为前张力，Pa。

入口弹性变形区 I 和出口弹性恢复区 III 的接触弧在轧制方向上的投影长度 l_{in} 和 l_{out} 分别为

$$l_{in} = \sqrt{2R(\Delta h + \Delta h_{in})} - \sqrt{2R\Delta h} \tag{5-7}$$

$$l_{out} = \sqrt{2R\Delta h_{out}} \tag{5-8}$$

此前的部分研究中，研究人员尚未考虑前张力和后张力对变形区尺寸的影响，并且通常将入口弹性区的带钢与轧辊接触弧简化为直线，将出口弹性恢复区的带钢与轧辊接触弧简化为二次曲线[3-5]。本章构建模型在考虑前张力和后张力影响的同时，对接触弧并没有简化，仍然采用圆弧，积分时将对轧制方向长度变化的积分转化为对接触角度变化的积分，得到弹性区更精确的轧制力预测模型。

入口弹性变形区 I 的轧制力 F_{in}^e 为

$$\begin{aligned}
F_{in}^e &= 2w\int_{-l_{in}}^{0}\left(\frac{E_s}{1 - \nu_s^2}\frac{h_{in} - h_x}{h_{in}} + \frac{\nu_s}{1 - \nu_s}\sigma_b\right)dx \\
&= 2w\int_{\theta_{in}}^{\theta}\left(\frac{E_s}{1 - \nu_s^2}\frac{h_{in} - h_\alpha}{h_{in}} + \frac{\nu_s}{1 - \nu_s}\sigma_b\right)(-R\cos\alpha\,d\alpha) \\
&= \frac{2E_s wR}{(1 - \nu_s^2)h_{in}}\Big[(h_{in} - R - h_1)(\sin\theta_{in} - \sin\theta) + \\
&\quad \frac{R}{2}\Big(\theta_{in} - \theta + \frac{\sin2\theta_{in} - \sin2\theta}{2}\Big)\Big] + \frac{2Rw\nu_s\sigma_b}{1 - \nu_s}(\sin\theta_{in} - \sin\theta)
\end{aligned} \tag{5-9}$$

式中，θ 为塑性区的接触角，rad，$\theta = \sin^{-1}(l/R)$；θ_{in} 为入口弹性区的接触角，rad，$\theta_{in} = \sin^{-1}[(l_{in} + l)/R]$。

出口弹性恢复区 III 的轧制力 F_{out}^e 为

$$\begin{aligned}
F_{out}^e &= 2w\int_{l}^{l+l_{out}}\left(\frac{E_s}{1 - \nu_s^2}\frac{h_{out} - h_x}{h_{out}} + \frac{\nu_s}{1 - \nu_s}\sigma_f\right)dx \\
&= 2w\int_{0}^{-\theta_{out}}\left(\frac{E_s}{1 - \nu_s^2}\frac{h_{out} - h_\alpha}{h_{out}} + \frac{\nu_s}{1 - \nu_s}\sigma_f\right)(-R\cos\alpha\,d\alpha)
\end{aligned}$$

$$= \frac{2E_s wR}{(1 - \nu_s^2)h_{\text{out}}}\left[(h_{\text{out}} - R - h_1)\sin\theta_{\text{out}} + \frac{R}{2}\left(\theta_{\text{out}} + \frac{\sin2\theta_{\text{out}}}{2}\right)\right] + \frac{2Rw\nu_s\sigma_f}{1 - \nu_s}\sin\theta_{\text{out}}$$

$$(5\text{-}10)$$

式中, θ_{out} 为出口弹性恢复区的接触角, rad, $\theta_{\text{out}} = \sin^{-1}(l_{\text{out}}/R)$。

5.2　冷轧塑性区轧制力模型

5.2.1　双曲正弦速度场构建

双曲函数起源于悬链线, 双曲正弦函数的定义域和值域为 $(-\infty, +\infty)$, 是关于原点对称的奇函数, 且在定义域内单调增加。本节利用双曲正弦函数的这一特点, 同时根据冷轧的变形特点, 提出新的双曲正弦速度场, 其速度场的各个分量分别为

$$v_x = v_0\left[1 + \frac{1}{\lambda}\sinh\left(\lambda\,\frac{h_0 - h_x}{h_0}\right)\right]$$

$$v_y = v_0 h_x'\left\{\frac{1}{h_0}\cosh\left(\lambda\,\frac{h_0 - h_x}{h_0}\right) - \frac{1}{h_x}\left[1 + \frac{1}{\lambda}\sinh\left(\lambda\,\frac{h_0 - h_x}{h_0}\right)\right]\right\}y \qquad (5\text{-}11)$$

$$v_z = \frac{v_0 h_x'}{h_x}\left[1 + \frac{1}{\lambda}\sinh\left(\lambda\,\frac{h_0 - h_x}{h_0}\right)\right]z$$

根据 Cauchy 方程, 相应的应变速率场分量为

$$\dot{\varepsilon}_x = -\frac{v_0}{h_0}\cosh\left(\lambda\,\frac{h_0 - h_x}{h_0}\right)h_x'$$

$$\dot{\varepsilon}_y = v_0 h_x'\left\{\frac{1}{h_0}\cosh\left(\lambda\,\frac{h_0 - h_x}{h_0}\right) - \frac{1}{h_x}\left[1 + \frac{1}{\lambda}\sinh\left(\lambda\,\frac{h_0 - h_x}{h_0}\right)\right]\right\} \qquad (5\text{-}12)$$

$$\dot{\varepsilon}_z = \frac{v_0}{h_x}h_x'\left[1 + \frac{1}{\lambda}\sinh\left(\lambda\,\frac{h_0 - h_x}{h_0}\right)\right]$$

式中, λ 为待定参数。

根据式 (5-11) 和式 (5-12) 得, 入口处 $v_x\big|_{x=0} = v_0$, $v_y\big|_{y=0} = 0$, $v_z\big|_{z=0} = 0$; 带钢与轧辊接触面上 $v_z\big|_{z=h_x} = -v_x\tan\alpha$; 应变速率场满足 $\dot{\varepsilon}_x + \dot{\varepsilon}_y + \dot{\varepsilon}_z = 0$。则该速度场满足速度边界条件, 应变速率场满足体积不变条件。式 (5-11) 和式 (5-12) 是满足运动许可条件的速度场和应变速率场。单位秒流量 $U = v_0 h_0 w = v_1 h_1 w = v_n h_n w = v_R\cos\alpha_n w(R + h_1 - R\cos\alpha_n)$, 则可以得到不同生产条件下的 λ 值。

5.2.2　内部塑性变形功率泛函

本章采用 EA 屈服准则求解带钢的内部变形功率。在式 (5-12) 中, 冷轧变

形时 $\dot{\varepsilon}_{max} = \dot{\varepsilon}_x$，$\dot{\varepsilon}_{min} = \dot{\varepsilon}_z$，将其代入式（1-15）中，得到内部变形功率 $\dot{W}_i$ 为

$$\dot{W}_i = \int_V D(\dot{\varepsilon}_{ij})\,\mathrm{d}V = \frac{4\pi\sigma_s}{3\sqrt{3}}\int_0^l\int_0^w\int_0^{h_x}(\dot{\varepsilon}_{max} - \dot{\varepsilon}_{min})\mathrm{d}x\mathrm{d}y\mathrm{d}z$$

$$= \frac{4\pi}{3\sqrt{3}}\sigma_s\int_0^l\int_0^w\int_0^{h_x}\left\{-\frac{v_0}{h_0}\cosh\left(\lambda\frac{h_0 - h_x}{h_0}\right)h_x' - \frac{v_0}{h_x}h_x'\left[1 + \frac{1}{\lambda}\sinh\left(\lambda\frac{h_0 - h_x}{h_0}\right)\right]\right\}\mathrm{d}x\mathrm{d}y\mathrm{d}z$$

$$= \frac{4\pi}{3\sqrt{3}}\sigma_s U\left[\frac{1}{\lambda}\frac{h_1}{h_0}\sinh\left(\lambda\frac{h_0 - h_1}{h_0}\right) + \frac{2}{\lambda^2}\cosh\left(\lambda\frac{h_0 - h_1}{h_0}\right) - \frac{h_1}{h_0} - \frac{2}{\lambda^2} + 1\right] \tag{5-13}$$

从式（5-13）可以得出，在带钢材料确定的情况下，内部变形功率是随压下率增加而增加的泛函。

5.2.3 剪切功率泛函

由式（5-1）、式（5-2）和式（5-11）可得，在塑性区出口 $x = l$ 处有

$$h_{x=l}' = h_{\alpha=0}' = 0 \tag{5-14}$$

$$v_z\big|_{x=l} = v_y\big|_{x=l} = 0$$

则出口处不存在剪切功率，但是在塑性区入口 $x = 0$ 处

$$v_y\big|_{x=0} = 0 \tag{5-15}$$

$$v_z\big|_{x=0} = -\frac{v_0\tan\theta}{h_0}z$$

则剪切功率 $\dot{W}_s$ 为

$$\dot{W}_s = 4k\int_0^{h_0}\int_0^w|\Delta v_t|\mathrm{d}y\mathrm{d}z = 4k\int_0^w\int_0^{h_0}\frac{v_0\tan\theta}{h_0}z\mathrm{d}y\mathrm{d}z = 2kwh_0v_0\tan\theta = 2kU\tan\theta \tag{5-16}$$

从式（5-16）可以得出，剪切功率是随塑性区接触角的增加而增加的泛函。

5.2.4 摩擦功率泛函

摩擦力作用在带钢与轧辊接触面上，如图 5-2 所示。摩擦应力 $\boldsymbol{\tau}_f = mk$ 和切向速度不连续量 $\Delta\boldsymbol{v}_f$ 在接触面上为共线矢量，则采用共线矢量内积求解的摩擦功率 $\dot{W}_f$ 为

$$\dot{W}_f = 4\int_0^l\int_0^w\boldsymbol{\tau}_f\Delta\boldsymbol{v}_f\mathrm{d}F = 4\int_0^l\int_0^w(\tau_{fx}\Delta v_x + \tau_{fy}\Delta v_y + \tau_{fz}\Delta v_z)\sqrt{1 + (h_x')^2}\,\mathrm{d}x\mathrm{d}y$$

$$= 4mkw\int_0^l(\Delta v_x\cos\alpha + \Delta v_y\cos\beta + \Delta v_z\cos\gamma)\sqrt{1 + (h_x')^2}\,\mathrm{d}x \tag{5-17}$$

由式（5-11）得速度不连续量的分量为

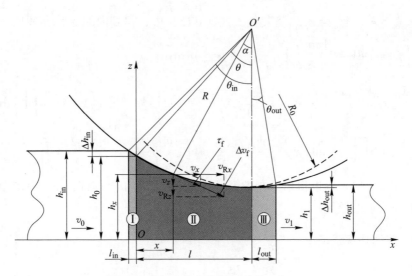

图 5-2　带钢与轧辊接触面上的 τ_f 和 Δv_f

$$\Delta v_x = v_R \cos\alpha - v_0 \left[1 + \frac{1}{\lambda}\sinh\left(\lambda\,\frac{h_0 - h_x}{h_0}\right) \right]$$

$$\Delta v_y = -v_0 h_x' \left\{ \frac{1}{h_0}\cosh\left(\lambda\,\frac{h_0 - h_x}{h_0}\right) - \frac{1}{h_x}\left[1 + \frac{1}{\lambda}\sinh\left(\lambda\,\frac{h_0 - h_x}{h_0}\right) \right] \right\} y \quad (5\text{-}18)$$

$$\Delta v_z \big|_{z = h_x} = v_R \sin\alpha - v_0 \tan\alpha \left[1 + \frac{1}{\lambda}\sinh\left(\lambda\,\frac{h_0 - h_x}{h_0}\right) \right]$$

由式（5-1）得方向余弦为

$$\cos\alpha = \pm\frac{\sqrt{R^2 - (l - x)^2}}{R}, \quad \cos\beta = 0, \quad \cos\gamma = \pm\frac{l - x}{R} = \sin\alpha \quad (5\text{-}19)$$

将式（5-18）和式（5-19）代入式（5-14）可得

$$\dot{W}_f = 4mkw \left\{ \int_0^l \left\{ v_R \cos\alpha - v_0 \left[1 + \frac{1}{\lambda}\sinh\left(\lambda\,\frac{h_0 - h_x}{h_0}\right) \right] \right\} \mathrm{d}x + \right.$$

$$\left. \int_0^l \left\{ v_R \sin\alpha - v_0 \tan\alpha \left[1 + \frac{1}{\lambda}\sinh\left(\lambda\,\frac{h_0 - h_x}{h_0}\right) \right] \right\} \tan\alpha \,\mathrm{d}x \right\} \quad (5\text{-}20)$$

由于前滑区和后滑区带钢与轧辊的相对速度方向相反，以中性面为界分段求解，得到摩擦功率 $\dot{W}_f$ 为

$$\dot{W}_f = 4mkwR \left\{ v_R(\theta - 2\alpha_n) + \frac{U}{h_0 w} \left[\left(1 + \frac{g_b}{\lambda} \right) \ln\frac{\tan(\pi/4 + \alpha_n/2)}{\tan(\pi/4 + \theta/2)} + \right. \right.$$

$$\left. \left. \left(1 + \frac{g_f}{\lambda} \right) \ln\tan(\pi/4 + \alpha_n/2) \right] \right\} \quad (5\text{-}21)$$

式中，g_b 和 g_f 分别为后滑区和前滑区参数，$g_b = \sinh\left(\lambda\,\dfrac{h_0 - h_{mb}}{h_0}\right)$，$g_f = \sinh\left(\lambda\,\dfrac{h_0 - h_{mf}}{h_0}\right)$，其中 h_{mb} 和 h_{mf} 分别为后滑区和前滑区平均厚度，$h_{mb} = \dfrac{h_0 + 2h_{\alpha_n}}{3}$，$h_{mf} = \dfrac{h_{\alpha_n} + 2h_1}{3}$。

冷轧时摩擦因子 m 主要与轧辊表面状态、轧辊材质、轧制速度、乳化液润滑特性等因素相关，其模型为[6]

$$m = \left[m_0 + m_V e^{-\frac{v_R}{V_0}} + m_r(r_a - r_{a_0})\right]\left(1 + \frac{s_0}{s_1 s}\right)\left(1 + \eta_1 \ln\frac{h_{in} - h_{out}}{\eta_0 h_{in}}\right) \quad (5\text{-}22)$$

式中，m_0 为与润滑特性相关的摩擦因子基准值；m_V 为与速度相关的摩擦因子变化量；v_R 为工作辊线速度，m/s；m_r 为与工作辊粗糙度相关的系数；V_0 为轧制速度基准值，m/s；r_{a_0} 为工作辊粗糙度基准值，μm；r_a 为工作辊粗糙度，μm；η_0 和 η_1 为与压下率相关系数；s 为工作辊磨损；s_0 和 s_1 为与工作辊磨损相关的系数。

从式（5-21）可以得出，摩擦功率是随塑性区接触角和轧辊半径增加而增加的泛函。

5.2.5 张力功率泛函

为了防止带钢在轧制过程中跑偏、降低金属的变形抗力，轧制更薄的产品，提高板形质量，调整冷轧机负荷，提高轧机的生产效率，冷轧时通常对轧辊两侧的带钢施加前张力和后张力，变形区的张力功率 $\dot{W}_T$ 为

$$\dot{W}_T = 4(\sigma_b w h_0 v_0 - \sigma_f w h_1 v_1) = 4U(\sigma_b - \sigma_f) \quad (5\text{-}23)$$

从式（5-23）可以得出，张力功率是随前张力减小或后张力增加而增加的泛函。

5.2.6 总功率泛函最小化

将式（5-13）、式（5-16）、式（5-21）式（5-23）代入 $J^* = \dot{W}_i + \dot{W}_s + \dot{W}_f + \dot{W}_T$ 可得到冷轧变形区总功率泛函 J^* 解析表达式

$$J^* = \frac{4\pi}{3\sqrt{3}}\sigma_s U\left[\frac{1}{\lambda}\frac{h_1}{h_0}\sinh\left(\lambda\,\frac{h_0 - h_1}{h_0}\right) + \frac{2}{\lambda^2}\cosh\left(\lambda\,\frac{h_0 - h_1}{h_0}\right) - \frac{h_1}{h_0} - \frac{2}{\lambda^2} + 1\right] +$$

$$2kU\tan\theta + 4U(\sigma_b - \sigma_f) + 4mkwR\left\{v_R(\theta - 2\alpha_n) +\right.$$

$$\left.\frac{U}{h_0 w}\left[\left(1 + \frac{g_b}{\lambda}\right)\ln\frac{\tan(\pi/4 + \alpha_n/2)}{\tan(\pi/4 + \theta/2)} + \left(1 + \frac{g_f}{\lambda}\right)\ln\tan(\pi/4 + \alpha_n/2)\right]\right\}$$

$$(5\text{-}24)$$

将式（5-24）中总功率泛函 J^* 对任意的 α_n 求导，并令导数等于零，则

$$\frac{\mathrm{d}J^*}{\mathrm{d}\alpha_n} = \frac{\mathrm{d}\dot{W}_i}{\mathrm{d}\alpha_n} + \frac{\mathrm{d}\dot{W}_s}{\mathrm{d}\alpha_n} + \frac{\mathrm{d}\dot{W}_f}{\mathrm{d}\alpha_n} + \frac{\mathrm{d}\dot{W}_T}{\mathrm{d}\alpha_n} = 0 \tag{5-25}$$

进而求得式（5-25）中各个功率的导数分别为

$$\frac{\mathrm{d}\dot{W}_i}{\mathrm{d}\alpha_n} = \frac{4\pi}{3\sqrt{3}}\sigma_s N\left[\frac{1}{\lambda}\frac{h_1}{h_0}\sinh\left(\lambda\frac{h_0 - h_1}{h_0}\right) + \frac{2}{\lambda^2}\cosh\left(\lambda\frac{h_0 - h_1}{h_0}\right) - \frac{h_1}{h_0} - \frac{2}{\lambda^2} + 1\right]$$

$$\tag{5-26}$$

$$\frac{\mathrm{d}\dot{W}_s}{\mathrm{d}\alpha_n} = 2kN\tan\theta \tag{5-27}$$

$$\frac{\mathrm{d}\dot{W}_f}{\mathrm{d}\alpha_n} = 4mkwR\left\{-\frac{UR\sin\alpha_n}{3h_0^2 w}\left[2\cosh\left(\lambda\frac{h_0 - h_{mb}}{h_0}\right)\ln\frac{\tan(\pi/4 + \alpha_n/2)}{\tan(\pi/4 + \theta/2)} + \right.\right.$$

$$\cosh\left(\lambda\frac{h_0 - h_{mf}}{h_0}\right)\ln\tan(\pi/4 + \alpha_n/2)\right] - 2v_R +$$

$$\frac{N}{h_0 w}\left[\left(1 + \frac{g_b}{\lambda}\right)\ln\frac{\tan(\pi/4 + \alpha_n/2)}{\tan(\pi/4 + \theta/2)} + \left(1 + \frac{g_f}{\lambda}\right)\right. \tag{5-28}$$

$$\left.\ln\tan(\pi/4 + \alpha_n/2)\right] + \frac{U}{h_0 w\cos\alpha_n}\left(2 + \frac{g_b + g_f}{\lambda}\right)\right\}$$

$$\frac{\mathrm{d}\dot{W}_T}{\mathrm{d}\alpha_n} = 4N(\sigma_b - \sigma_f) \tag{5-29}$$

式中，$N = \dfrac{\mathrm{d}U}{\mathrm{d}\alpha_n} = v_R wR\sin 2\alpha_n - v_R w(R + h_1)\sin\alpha_n$。

不同生产条件下的中性角 α_n 值可以通过式（5-25）求解得到，将得到的 α_n 代入式（5-24）得到总功率泛函的最小值 J^*_{min}，则塑性变形区相应的轧制力矩 M^p 和轧制力 F^p 为

$$M^p = \frac{R_0(\dot{W}_i + \dot{W}_f + \dot{W}_s)_{min}}{2v_R}, \quad F^p = \frac{M^p}{\chi l} \tag{5-30}$$

5.2.7　冷轧力臂系数模型

冷轧力臂系数 χ 的研究非常少，沙菲杨给出冷轧低碳钢带材时，力臂系数平均值为 0.19~0.24[7]。赵志业指出冷轧时力臂系数范围是 0.2 ~ 0.4[8]。根据目前的研究来看，研究者们只是给出了冷轧力臂系数一定的范围，还未见到关于冷轧力臂系数的模型。

本节结合有限元模拟和 BP 神经网络，以某 1450 mm 酸洗冷连轧生产线的实

测数据为基础，建立了考虑变形区几何参数和前后张力等因素的冷轧力臂系数模型。该冷连轧机组为五机架 UCM 轧机，冷连轧设备和检测仪表布置如图 5-3 所示。

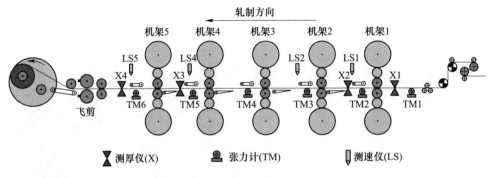

图 5-3 五机架冷连轧机组设备布置图

5.2.7.1 有限元研究冷轧力臂系数

本书采用有限元研究前张力、后张力、压下率和压扁半径对力臂系数的影响，基于 ANSYS-LSDYNA 软件建立了带钢冷轧过程三维有限元模型。由于弯辊系统、支撑辊和中间辊以及宽度等对单位宽度的轧制力、轧制压力和轧制力矩影响比较小，为了节约计算时间，将实际轧制过程简化为二辊冷轧窄带钢模型。轧辊和带钢的几何尺寸及模拟五机架冷轧工艺参数分别如表 5-1 和表 5-2 所示，有限元前处理、求解和后处理过程如图 5-4 所示。

表 5-1 轧辊和带钢的几何尺寸

名称	带钢初始厚度/mm	带钢宽度/mm	带钢长度/mm	工作辊直径/mm	工作辊辊身长度/mm
数值	1.96	100	100	425	200

表 5-2 模拟的轧制工艺参数

机 架	1	2	3	4	5
压下率/%	31.58	41.01	40.08	35.26	33.55
前张力/MPa	59.0	129.5	141.0	145.8	153.5
后张力/MPa	128.5	141.0	145.8	153.5	58.9
摩擦系数	0.065	0.045	0.035	0.030	0.020

为更准确地反映应力分布特点，在带钢与轧辊可能接触的区域进行网格局部细化，划分网格后的有限元模型如图 5-5 所示。

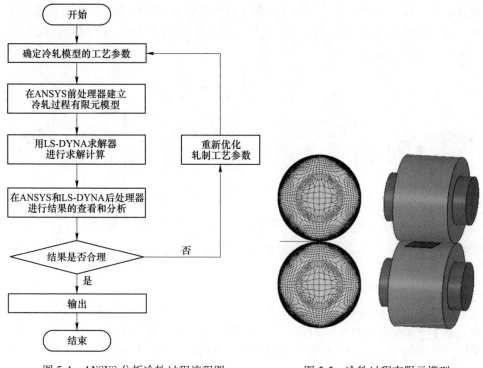

图 5-4　ANSYS 分析冷轧过程流程图　　　　图 5-5　冷轧过程有限元模型

（扫描书前二维码看彩图）

　　为了验证所建立的有限元模型的准确性、精度与收敛性，并进一步分析轧制过程中力能参数的变化特点，将 5 个机架的轧制力模拟结果和现场生产的轧制力实际测量值进行对比。由于冷轧时存在轧辊压扁和弹跳，所以只能让有限元模拟的压下率接近现场实际值，图 5-6 中所示有限元模拟计算的轧制力与现场实测轧制力吻合度很高。因此，该有限元模型能够满足预测冷轧过程中力能参数的精度，可以用在冷轧变形过程的研究中。

　　图 5-7 为利用有限元计算冷轧变形区沿接触弧上轧制压力的分布示意图，轧制力矩为总轧制压力与力臂的乘积，同时也等于变形区中各个微单元的力矩之和，即

$$P(\chi l) = \frac{(p_1 + p_2)(l_2 - l_1)}{2} \frac{|l_1 + l_2|}{2} + \cdots + \frac{(p_{n-1} + p_n)(l_n - l_{n-1})}{2} \frac{|l_{n-1} + l_n|}{2}$$

$$= \sum_{i=2}^{n} \frac{(p_{i-1} + p_i)(l_i - l_{i-1})}{2} \frac{|l_{i-1} + l_i|}{2}$$

$$(5-31)$$

式中，P 为总轧制力，N；p_i 为第 i 个微单元所受到轧制压力，MPa；l_i 为第 i 个微单元到轧辊中心线的距离，mm。

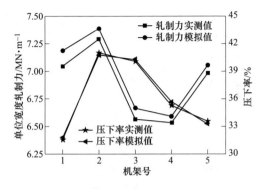

图 5-6　轧制力的模拟值和实测值对比

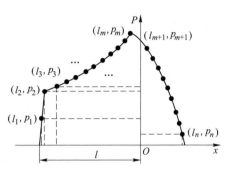

图 5-7　有限元求解冷轧力臂系数

　　根据有限元模拟计算得到总轧制力和变形区沿接触弧上轧制压力分布情况，由式（5-31）可以反算出力臂系数 χ 的数值。下面以现场第二机架数据为基础，利用该方法研究不同前张力 σ_{f}、后张力 σ_{b}、压下率 ε 和压扁半径 R 对力臂系数 χ 的影响。模拟时保持其他工艺参数不变，仅改变施加在带钢头部的前张力值，力臂系数的变化如图 5-8 所示。从图中可以看出，随着前张力的增大，前滑区的轧制压力减小且轧制压力的最大值向入口方向移动，力臂系数几乎呈线性增大。

　　图 5-9 为后张力对力臂系数的影响，随着后张力的增大，后滑区的轧制压力减小且轧制压力的最大值向出口方向移动，力臂系数几乎呈线性减小。图 5-10 为压下率对力臂系数的影响，可以看出随着压下率的增大，轧辊与带钢的接触弧的长度以及轧制压力增加，两者综合作用使力臂系数减小，轧辊由于较大的轧制力而产生严重的弹性压扁。图 5-11 为仅改变带钢变形抗力的设定值时轧辊压扁半径对力臂系数的影响情况，可以看出随着轧辊压扁半径逐渐增大，力臂系数逐渐减小。

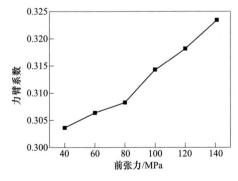

图 5-8　前张力对力臂系数的影响

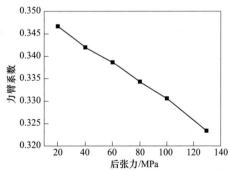

图 5-9　后张力对力臂系数的影响

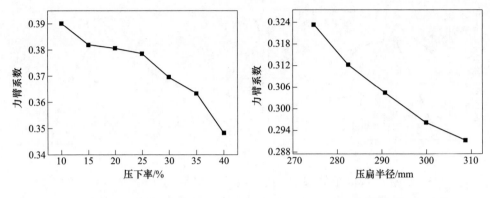

图 5-10　压下率对力臂系数的影响　　　图 5-11　压扁半径对力臂系数的影响

5.2.7.2　BP 神经网络优化力臂系数

若想得到力臂系数的模型，需要有一个合理的数据样本。根据某五机架冷连轧机组的 67 组钢卷生产报表，利用文献［9］的方法可以得到轧制中的轧制力和轧制力矩，从而反算出力臂系数。受现场测量环境和设备的影响，测量数据与实际值之间存在偏差，本节采用图 5-12 所示的 BP 神经网络优化现场反算的力臂系数。

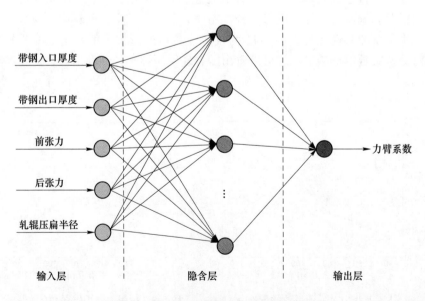

图 5-12　优化力臂系数的 BP 神经网络结构

首先将带钢入口厚度、出口厚度、前张力、后张力和轧辊压扁半径作为输入信号经输入层的神经元输入；其次，采用 BP 神经网络信号正向传递和误差反向传播学习算法进行训练；最终得到理想的力臂系数输出值。BP 神经网络的训练性能如图 5-13 所示，训练迭代 50 次达到收敛。

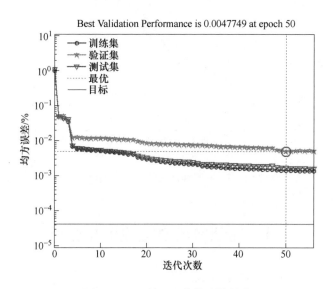

图 5-13　BP 神经网络的训练性能

5.2.7.3　力臂系数模型建立

根据有限元分析可知，当前后张力增加时，力臂系数几乎分别呈线性增加和线性减小，而当压扁半径和压下率增大时，力臂系数减小，由此提出冷轧过程力臂系数的模型为

$$\chi = a_1 \left(\frac{h_{in} + h_{out}}{R} \right)^{a_2} + a_3 \varepsilon^{a_4} + a_5 \frac{\sigma_f}{\sigma_0} - a_6 \frac{\sigma_b}{\sigma_0} \tag{5-32}$$

式中，$a_1 \sim a_6$ 为回归系数；σ_0 为无量纲处理的张应力基准值，取值 100 MPa。

对式（5-32）采用最小二乘法回归 BP 神经网络优化后的 270 组不同轧制规程下的数据，得到回归系数，确定力臂系数的模型为

$$\chi = 0.7742 \left(\frac{h_{in} + h_{out}}{R} \right)^{0.1585} + 0.1851 \varepsilon^{1.6176} + 0.0247 \frac{\sigma_f}{\sigma_0} - 0.0589 \frac{\sigma_b}{\sigma_0} \tag{5-33}$$

BP 神经网络优化的力臂系数值和回归模型预测的力臂系数值对比结果如图 5-14 所示，从图中可以看出两者的偏差小于 5%。

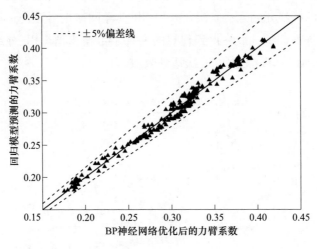

图 5-14　回归和优化的力臂系数对比

5.3　轧制参数模型验证与分析

根据式（5-9）、式（5-10）和式（5-30）得冷轧时总轧制力 F 为

$$F = F_{in}^e + F_{out}^e + F^p \tag{5-34}$$

由于冷轧时轧制力比较大，工作辊在轧制力的作用下会产生弹性压扁。为了便于计算，采用 Hitchcock 模型来计算轧辊的弹性[10]，如式（5-35）所示。

$$R = R_0 \left[1 + \frac{4(1 - \nu_r^2)}{\pi E_r w} \frac{F}{\left(\sqrt{\Delta h + \Delta h_t + \Delta h_{out}} + \sqrt{\Delta h_{out}} \right)^2} \right] \tag{5-35}$$

式中，E_r 为轧辊的弹性模量，Pa；ν_r 为轧辊的泊松比；Δh_t 为张力对轧辊弹性压扁的影响，m，$\Delta h_t = \dfrac{\nu_s(1 + \nu_s)}{E_s}(\sigma_b h_{in} - \sigma_f h_{out})$。

由于轧制力与轧辊压扁半径相互耦合，需要采用迭代求解的方法来计算，直到前后两次迭代计算的轧制力或者压扁半径值的偏差小于某一个值时才终止。本章收敛条件为 $|R_i - R_{i-1}|/R_i \leqslant 0.001$，轧制力的计算流程如图 5-15 所示。

5.3.1　力能参数验证与分析

选取该生产线的实测数据对建立的模型进行验证。以 SPCC 钢种为例，带钢宽度为 1250 mm，经过五机架连轧后厚度由 3 mm 减小到 0.5 mm。5 个机架的轧制工艺参数如表 5-3 所示。

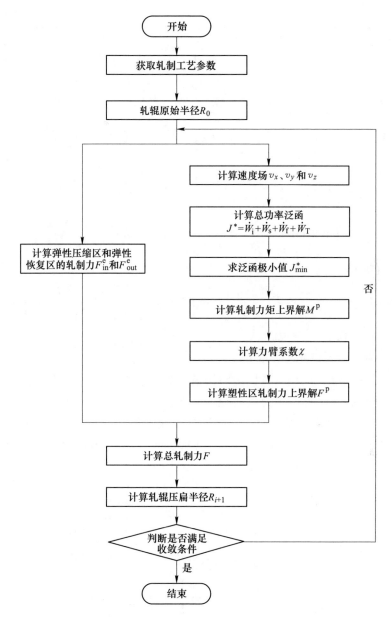

图 5-15 冷轧计算流程

表 5-3 现场 5 机架的轧制工艺参数

机 架 号	1	2	3	4	5
$v_R/\text{m} \cdot \text{s}^{-1}$	3.99	6.36	9.53	13.56	16.56
$2h_{out}/\text{mm}$	2.001	1.270	0.856	0.603	0.500
$\varepsilon/\%$	33.30	36.53	32.60	29.56	17.08

续表 5-3

机 架 号	1	2	3	4	5
σ_s/MPa	512. 19	603. 09	671. 24	729. 38	768. 94
R_0/mm	212. 35	212. 41	212. 50	212. 45	212. 53
R/mm	256. 86	273. 25	304. 92	349. 92	490. 60

SPCC 钢种在入口侧、出口侧和塑性变形区的变形抗力模型 σ_{sin}、σ_{sout} 和 σ_s 分别为

$$\sigma_{\mathrm{sin}} = \left(498.00 + \frac{272.00}{\sqrt{3}}\ln\frac{H_0}{h_0} \right) \left[1 - 0.20\exp\left(-\frac{10.00}{\sqrt{3}}\ln\frac{H_0}{h_0} \right) \right] \quad (5\text{-}36)$$

$$\sigma_{\mathrm{sout}} = \left(498.00 + \frac{272.00}{\sqrt{3}}\ln\frac{H_0}{h_1} \right) \left[1 - 0.20\exp\left(-\frac{10.00}{\sqrt{3}}\ln\frac{H_0}{h_1} \right) \right] \quad (5\text{-}37)$$

$$\sigma_s = \sigma - (0.7\sigma_b + 0.3\sigma_f) \times 10^{-6}$$
$$= \left(498.00 + \frac{272.00}{\sqrt{3}}\ln\frac{3H_0}{h_0 + 2h_1} \right) \left[1 - 0.20\exp\left(-\frac{10.00}{\sqrt{3}}\ln\frac{3H_0}{h_0 + 2h_1} \right) \right] -$$
$$(0.7\sigma_b + 0.3\sigma_f) \times 10^{-6} \quad (5\text{-}38)$$

式中，H_0 为带钢入口厚度，m。

根据现场数据，采用本章模型解析解计算的轧制力，与 Hill[11]、Tselikov[12] 和 Stone[13] 公式计算的轧制力以及现场轧制力的实测值进行对比，如图 5-16 所示。由于本章模型采用能量法，因此计算值比现场实测值略大，但模型误差在 3.31% 以内。本章模型与 Hill、Tselikov 和 Stone 的轧制力模型误差在 10% 以内，但是本章模型与现场的实测值更接近。

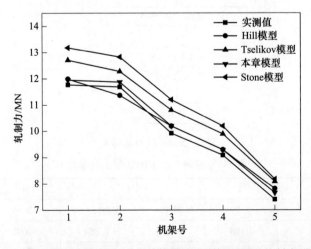

图 5-16　本章模型计算的轧制力与其他模型和现场实测的轧制力对比结果

由图 5-15 可知，轧制力的最终结果是由轧制力与压扁半径的迭代得到的。以第 5 机架为例，分析能量法求解轧制力时采用式（5-34）与式（5-35）的迭代过程，图 5-17 记录了每一次的迭代步。迭代从 $R = R_0 = 212.53$ mm 开始，i 是迭代次数，每一个迭代次数包括两步：i-1 和 i-2（第 5 机架中 $i = 1 \sim 6$）。i-1 代表利用式（5-34）和上一步得到的压扁半径计算轧制力的过程，i-2 代表利用式（5-35）和上一步得到的轧制力计算压扁半径的过程。

利用上述的计算方法，采用 Hill 轧制力模型与 Hitchcock 压扁半径模型的迭代过程如图 5-18 所示。从图中可以看出，采用能量法计算的迭代路径呈螺旋形，而传统工程法的迭代路径呈阶梯形。以第 5 机架为例，应用本章模型与其他模型在每个迭代次数下计算的轧制力值和轧辊压扁半径值的对比结果如图 5-19 所示。根据图 5-17~图 5-19 可知，本章模型在迭代次数为 6 时达到收敛条件，而其他模型需要迭代 7 次，同时还发现冷轧过程中带钢的变形抗力大，轧制力对轧辊压扁的影响非常明显。

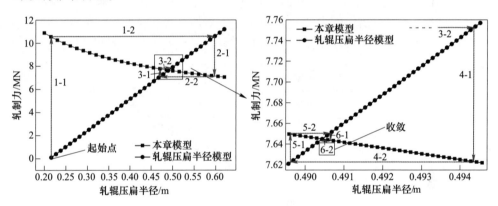

图 5-17 本章模型轧制力与压扁半径的迭代过程

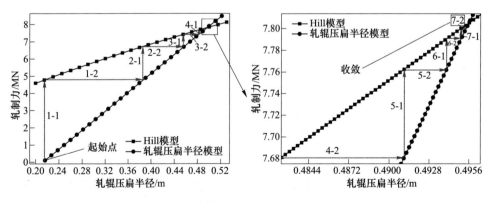

图 5-18 Hill 模型轧制力与压扁半径的迭代过程

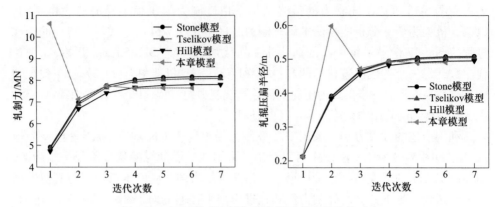

图 5-19　不同模型轧制力和轧辊压扁半径迭代对比

不同压下率情况下本章模型计算的轧制力与 Hill[11]、Tselikov[12] 和 Stone[13] 模型计算的轧制力对比结果如图 5-20 所示。从图中可以看出，随着压下率的增大，参与变形的金属增加，轧制力明显呈线性增加趋势。模型之间的相对偏差小于 10.6%，所以本章模型可以用于现场冷连轧过程轧制力的预测和设定。

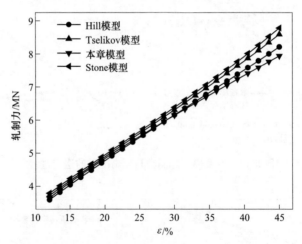

图 5-20　本章模型计算的轧制力与其他模型计算的轧制力对比

图 5-21 给出不同压下率时内部塑性变形功率 $\dot{W}_i$、剪切功率 $\dot{W}_s$、摩擦功率 $\dot{W}_f$ 和张力功率 $\dot{W}_T$ 的变化情况。从图中可以看出，内部塑性变形功率和摩擦功率占总功率 $J_{\min}^*$ 的比重较大，剪切功率和张力功率（前张力和后张力没有改变的情况下）占的比重较小，并且内部塑性变形功率和摩擦功率随着压下率的增加明显增加，这是由于冷轧变形时带钢与轧辊的接触弧长和平均厚度的比值远远大于 1。

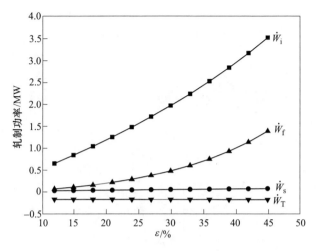

图 5-21 不同压下率下各个功率的变化

5.3.2 中性面位置的变化规律

图 5-22 给出了前张力 σ_f 和后张力 σ_b 变化时中性面位置的变化情况，可以发现当后张力减小或者前张力增加时，带钢与轧辊接触面上轧制压力峰值位置会向带钢的入口侧移动，表明中性面更靠近入口，前滑值增加。

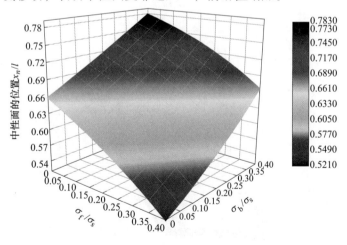

图 5-22 张力对中性面位置的影响
（扫描书前二维码看彩图）

摩擦因子 m 和压下率 ε 对中性面位置的影响如图 5-23 所示。当摩擦因子减小或压下率增加时，中性面向出口移动，前滑值减小。此外，从图中可以看出，当摩擦因子小于 0.08 的时候，摩擦因子的微小变化会引起中性面位置剧烈变化，因此此处为轧制的不稳定区。与前张力和后张力对中性面位置的影响相比，摩擦因子和压下率对中性面位置的影响较小。

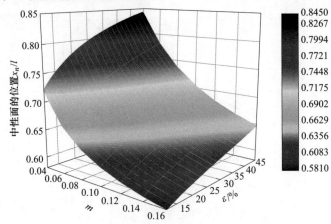

图 5-23　摩擦因子和压下率对中性面位置的影响
（扫描书前二维码看彩图）

5.3.3　应力状态影响系数的变化规律

由式（5-34）得到冷轧时的总轧制力，进一步可以得到应力状态影响系数 n_σ 为

$$n_\sigma = \frac{F}{4w(l_{in} + l + l_{out})k} \tag{5-39}$$

图 5-24 给出了本章模型计算的不同前张力 σ_f 和后张力 σ_b 时应力状态影响系

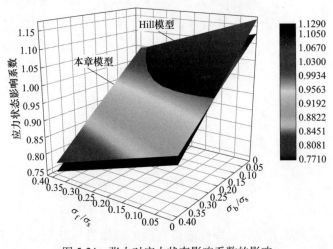

图 5-24　张力对应力状态影响系数的影响
（扫描书前二维码看彩图）

数 n_σ 的变化规律，并与 Hill 模型的计算值进行对比。

从图中可以看出，两个模型匹配良好，并且当前张力或者后张力增加时，应力状态影响系数呈线性减小，这是因为轧制时变形区的金属处于三向压应力的状态，采用张力轧制，张力不仅可以减小轧制方向上的压应力，而且也能使厚度方向上的压应力降低，所以张力能使轧制压力降低。如果当前张力和后张力足够大时，可能会使轧制方向上的压应力变为拉应力，使得厚度方向的压应力更小，因此轧制力降低更显著。从图 5-22 可以看出，变形区的中性面更靠近带钢的出口，表明后张力对降低单位压力和轧制力有更显著的作用。

不同摩擦因子 m 和压下率 ε 对应力状态影响系数的影响如图 5-25 所示。从图中可以看出，当摩擦因数或压下率增加时，应力状态影响系数增加。

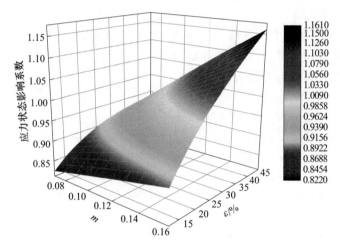

图 5-25　摩擦因子和压下率对应力状态影响系数的影响
（扫描书前二维码看彩图）

5.4　本 章 小 结

本章根据冷轧时带钢弹塑性变形的特点，利用能量法、有限元法和 BP 神经网络分析了冷轧过程，总结如下：

（1）采用了广义胡克定律，考虑了前后张力对变形区尺寸的影响，求解时直接将对长度的积分转化为对角度的积分，突破将接触弧简化为弦或者二次曲线的传统方式，因此得到的弹性区轧制力更精确。

（2）基于对冷轧变形原理的深入研究，首次建立了满足冷轧变形过程的双曲正弦函数速度场；考虑了张力对材料变形抗力和变形区形状的影响，基于能量法得到冷轧总轧制力的解析模型。

（3）基于冷连轧生产线的实测数据，采用有限元模拟研究了不同工艺参数下力臂系数的变化特点，发现当前后张力增加时，力臂系数几乎分别呈线性增加和减小；当压下率和压扁半径增大时，力臂系数减小；并利用该变化规律和神经网络优化的现场数据反算力臂系数，回归得到力臂系数模型。

（4）冷轧时存在严重的轧辊压扁现象，针对轧制力与压扁半径耦合的问题，采用考虑张力影响的 Hitchcock 压扁半径模型迭代求解轧制力，得到采用能量法计算时的迭代路径与传统工程法是不同的。将模型的预测轧制力值与现场的实测值相比发现，模型预测的轧制力偏大，两者偏差在 3.31% 以内。

（5）利用本章模型研究了轧制工艺参数对应力状态影响系数的影响，结果表明当前张力或后张力增加时，应力状态影响系数呈线性减小，且后张力对降低轧制力有更显著的作用。

（6）当后张力减小或者前张力增加时，中性面向入口移动，前滑值增加，而压下率和摩擦因子对中性面位置的影响较小。此外，与精轧过程相比，冷轧变形区的中性面更靠近带钢的出口。

参 考 文 献

[1] Komori K. An upper bound method for analysis of three-dimensional deformation in the flat rolling of bars [J]. International Journal of Mechanical Sciences, 2002, 44 (1): 37-55.

[2] Wang G G, Du F S, Li X T, et al. Online control model of rolling force considering shear strain effects [C]. Advanced Design and Manufacture to Gain a Competitive Edge, 2008: 325-333.

[3] Alexander J M. On the theory of rolling [C]. Proceedings of the Royal Society A: Mathematical, Physical and Engineering Sciences, 1972: 535-563.

[4] 王国栋, 吴国良, 毕玉伟. 板带轧制理论与实践 [M]. 北京: 中国铁道出版社, 1990: 48-69.

[5] 杨节. 轧制过程数学模型 [M]. 北京: 冶金工业出版社, 1993: 11-29.

[6] Du F S, Wang G G, Zang X L, et al. Friction model for strip rolling [J]. Journal of Iron and Steel Research International, 2010, 17 (7): 19-23.

[7] 采利科夫. 轧制原理手册 [M]. 北京: 冶金工业出版社, 1989: 341-357.

[8] 赵志业. 金属塑性变形与轧制原理 [M]. 北京: 冶金工业出版社, 1980: 394-398.

[9] 陈树宗. 冷连轧过程控制及模型设定系统的研究与应用 [D]. 沈阳: 东北大学, 2014.

[10] Ginzburg V B, Ballas R. Flat rolling fundamentals [M]. New York: Marcel Dekker, 2000: 49-365.

[11] Hill R. A general method of analysis for metal-working processes [J]. Journal of the Mechanics and Physics of Solids, 1963, 11 (5): 305-306.

[12] Tselikov A I. Present state of theory of metal pressure upon rolls in longitudinal rolling [J]. Stahl, 1958, 18 (5): 434-441.

[13] Stone M D. Rolling of thin strip [J]. Iron and Steel Engineer, 1953, 30 (2): 1-15.

6 连续变厚度过程的轧制力数学模型

变厚度轧制是在轧制过程中连续动态地上下调节轧辊辊缝，获得厚度连续变化钢板的新技术，得到了广泛关注[1]。变厚度轧制一方面在中厚板生产过程中的 MAS 轧制中能够减少头尾的切损，提高金属收得率，在冷连轧动态变规格等技术中改善带钢的质量，提高轧机生产率和带钢成材率；另一方面，用轧制方法生产 LP 钢板和冷轧差厚板中，根据承受载荷不同改变钢板厚度，能够减轻结构重量，减少焊缝，提高生产效率和成材率。

连续变厚度轧制技术是生产减量化产品、提高生产率和成材率的核心技术，目前在国外工业生产中已经应用，但是国内对该技术的研究还很少。此外，国外对该项技术的封锁，使得国内对该技术的核心掌握较少，因此研究变厚度轧制过程意义重大。

6.1 连续变厚度轧制技术应用

在变厚度轧制过程中需连续动态地上下调节轧辊辊缝，变形复杂，需要根据其变形特点进行深入研究，以获得轧制过程的力能参数模型。通过对变厚度轧制过程进行控制，能够获得尺寸精度高的变厚度产品。变厚度轧制技术通常用于以下 4 个方面。

6.1.1 中厚板 MAS 轧制

中厚板 MAS（Mizushima Automatic plan view pattern control System）轧制是日本川崎制铁所水岛厂提出的一种平面形状控制方法，采用变厚度技术来改善钢板矩形度，提高轧件成材率。MAS 轧制分为控制钢板侧面形状的整形 MAS 轧制法和控制钢板头尾端部形状的展宽 MAS 轧制法。当控制钢板侧面形状时，用水平辊对展宽面施以可变压缩，若侧面形状凹入则轧件中间部分的压缩应小于两端，若侧面形状凸出则轧件中间部分的压缩应大于两端，然后将这种不等厚度的轧件旋转 90° 后轧制，最终得到侧面平整的轧件，轧制过程如图 6-1 所示。当控制钢板头尾端部形状时，在横轧时对延伸面施以可变压缩，将这种不等厚度的轧件旋转 90° 后轧制，即可控制头尾端切头。MAS 轧制时的可变压缩是一种典型的变厚度轧制过程。采用 MAS 轧制法后，减少了头尾的切损率，提高了金属收得率，产生明显的经济效益[2]。

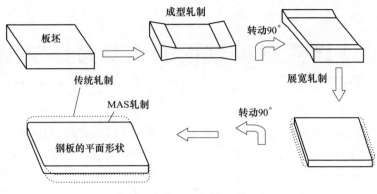

图 6-1　MAS 轧制过程示意图

6.1.2　热轧制备 LP 钢板

LP（Longitudinal Profiled）钢板是在轧制过程中通过连续改变轧辊的开口度来改变纵向厚度的钢板，也称为楔形钢板，是一种典型的变厚度轧制技术生产的产品。传统轧制的钢板追求厚度均匀，可是钢板在使用过程中，所承受的载荷通常是不均匀的。用均匀的厚度去承受不均匀的外力，会造成钢材的浪费。LP 钢板可以根据不同用途中的受力状况，制备出各种各样的形状，以期获得最佳的材料节约效果。LP 钢板在造船、桥梁和建筑等领域中需求巨大，具有减轻结构质量、减少焊缝数量等优点，还能省去螺栓连接接头中的垫板和焊接连接接头处的机械加工。

西欧、日本等地区和国家在 20 世纪 80 至 90 年代已经开发了 LP 钢板轧制技术，并开始生产和应用[3]。国内对 LP 钢板的生产和研发起步相对较晚，有关 LP 钢板的研究较少[4]。LP 钢板的断面类型如图 6-2 所示，其厚度是连续变化的，因此轧制前需要对轧制力、辊缝等参数进行预设定。

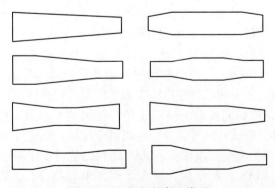

图 6-2　LP 钢板的断面类型

6.1.3 冷连轧中动态变规格

冷连轧中的动态变规格技术是轧制过程中改变带钢厚度的一个应用实例。动态变规格是在不停轧机的条件下将前一卷带钢的宽度、厚度变换到下一卷带钢的宽度、厚度,它可以将同规格带钢分卷轧成不同规格的成品带钢,也可将不同规格的原料带钢轧成不同规格的成品带钢,还可将不同规格的原料带钢轧成同种规格的成品带钢[5]。冷连轧机组应用动态变规格全连续轧制,可以提高轧机生产率和成材率,改善带钢的质量,但轧制过程中需要考虑张力、速度、轧制力等参数对厚度的影响。

6.1.4 冷轧差厚板

冷轧差厚板(Tailor Rolled Blanks,TRB)是一种部分取代激光拼焊板(Tailor Welded Blanks,TWB)的新产品,用于汽车减重场景。在差厚板出现前,根据受力情况的不同,对需要有薄有厚的冲压坯料,只能按照厚的规格选定坯料尺寸,造成钢材的浪费和汽车重量的增加[6]。最早获得变厚度钢板的方法是激光拼焊,该技术是将不同厚度的钢板焊接在一起,作为汽车部件冲压成型的坯料。TWB 的出现和应用推进了汽车减重的一波热潮,目前世界上已经有 100 多条激光拼焊生产线,使用 TWB 已经成为国外给汽车减重的主要措施。然而,TWB 的生产存在工序多、焊缝处厚度突变及表面质量不均匀、设备投资及维护量大等缺点,而 TRB 是利用轧制的方法直接生产出周期性变厚度带钢。与 TWB 相比,TRB 具有明显的优点:无焊缝、表面质量好、后续加工更可靠、生产效率高、适合大规模生产、降低生产成本、减少能耗、可生产出两种以上厚度组合的板材等[7]。TWB 与 TRB 的对比如图 6-3 所示。

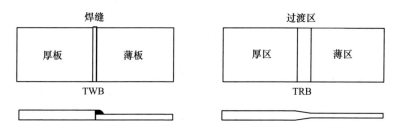

图 6-3 TWB 与 TRB 的对比

德国 Mubea 公司是世界上首次开始用轧制方法生产变厚度钢板的公司,年产 TRB 钢板千万件,并将其成功应用于奥迪、宝马、大众等汽车。因此用轧制方法生产 TRB 汽车板是可行的,并且用 TRB 钢板逐渐代替 TWB 已经成为发展趋势[8]。

6.2　变厚度轧制弹性变形区轧制力模型构建

　　上述不同的变厚度轧制技术主要分为两种类型：增厚轧制和减薄轧制，其中增厚轧制时轧辊逐渐远离轧件，辊缝加大，出口厚度逐渐增加；而减薄轧制时轧辊逐渐靠近轧件，辊缝减小，轧件出口厚度逐渐减小。无论是增厚轧制还是减薄轧制，其接触弧长、咬入角、中性角、前后滑以及轧制力等参数均与传统轧制不同，因此需要建立与传统轧制理论不同的新理论框架，进而形成关键参数的新算法。本章采用能量法推导新的轧制力计算模型。

　　冷轧时材料变形抗力较大，轧辊压扁明显，与热轧相比变形区内存在较大的弹性变形区域，因此将轧制变形区分为入口弹性变形区Ⅰ、塑性变形区Ⅱ和出口弹性恢复区Ⅲ。以轧辊连心线的中点为原点建立坐标系，x、y、z 分别表示板坯的长度方向、厚度方向和宽度方向，如图 6-4 和图 6-5 所示。轧辊的原始半径为 R_0，压扁后半径为 R，带钢入口厚度为 $2h_{in}$，最终产品厚区的厚度为 $2h_{thick}$，薄区的厚度为 $2h_{thin}$，某一时刻变形区出口厚度为 $2h_{out}$，在塑性变形区Ⅱ中，靠近入口侧带钢的厚度为 $2h_0$，靠近出口侧厚度为 $2h_1$，单侧压下量 $\Delta h = h_0 - h_1$。轧辊转速为 v_R，轧辊上移或下移的速度为 V_y，塑性变形区接触弧在轧制方向上的投影长度为 l。根据坐标系方向可知，增厚轧制时 V_y 为正值，减薄轧制时 V_y 为负

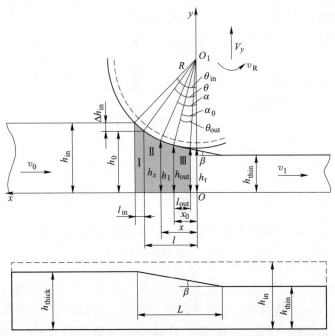

图 6-4　增厚轧制咬入区和成品示意图

值。为简化计算，建模时忽略宽展的影响，宽度 $2w$ 保持不变。

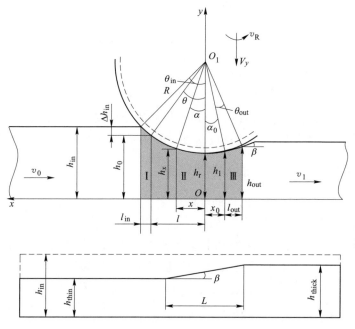

图 6-5 减薄轧制咬入区和成品示意图

选取轧件变形区的四分之一为研究对象，咬入区轧件半厚度 $h_x(h_\alpha)$ 及其一阶导数和其他参数为

$$h_x = h_0 + \sqrt{R^2 - l^2} - \sqrt{R^2 - x^2}$$

$$h_\alpha = R + R\cos\theta - R\cos\alpha \tag{6-1}$$

$$x = R\sin\alpha, \ \mathrm{d}x = R\cos\alpha\mathrm{d}\alpha$$

$$h_x' = \frac{x}{\sqrt{R^2 - x^2}} = \tan\alpha \tag{6-2}$$

冷轧带钢的宽厚比远远大于 10，因此宽展可以忽略，近似为平面变形。在入口弹性变形区 I 处，根据广义胡克定律，考虑平面变形状态有

$$\sigma_x = \sigma_b$$

$$\sigma_z = \nu_s(\sigma_x + \sigma_y)$$

$$\varepsilon_y = \frac{1}{E_s}[\sigma_y - \nu_s(\sigma_x + \sigma_z)] \tag{6-3}$$

整理式（6-3）可得

$$\varepsilon_y = \frac{1 - \nu_s^2}{E_s}\left(\sigma_y - \frac{\nu_s}{1 - \nu_s}\sigma_b\right) \tag{6-4}$$

同理可以得到出口厚度方向的应变。则入口弹性变形区 I 和出口弹性恢复区 III 的压下半厚度 Δh_{in} 和 Δh_{out} 分别为

$$\Delta h_{in} = \frac{1 - \nu_s^2}{E_s} h_{in} \left(\sigma_{sin} - \frac{\nu_s}{1 - \nu_s} \sigma_b \right) \tag{6-5}$$

$$\Delta h_{out} = \frac{1 - \nu_s^2}{E_s} h_{out} \left(\sigma_{sout} - \frac{\nu_s}{1 - \nu_s} \sigma_f \right) \tag{6-6}$$

式中，σ_{sin} 和 σ_{sout} 分别为入口侧和出口侧板坯的变形抗力，Pa；σ_f 和 σ_b 分别为前后张力，Pa；E_s 为带钢的弹性模量，Pa；ν_s 为带钢的泊松比。

6.2.1　增厚轧制弹性变形区的轧制力计算

带钢在某一时刻变形区出口的半厚度为

$$h_{out} = h_{thin} + V_y t \tag{6-7}$$

入口弹性变形区 I 和出口弹性恢复区 III 的接触弧在轧制方向上的投影长度 l_{in} 和 l_{out} 以及它们对应与轧辊连心线的夹角 θ_{in} 和 θ_{out} 分别为

$$l_{in} = \sqrt{2R(h_{in} - h_r)} - \sqrt{2R(h_0 - h_r)}$$
$$l_{out} = \sqrt{2R(h_1 - h_r)} - \sqrt{2R(h_{out} - h_r)} \tag{6-8}$$

$$h_1 = h_r + R - R\cos\alpha_0, \quad h_r = h_{out} + R\cos(\alpha_0 - \theta_{out}) - R \tag{6-9}$$

$$\theta_{in} = \arcsin[(l_{in} + l)/R], \quad \theta_{out} = \arcsin\frac{\sqrt{2R\Delta h_{out}\cos\alpha_0}}{R} \tag{6-10}$$

本章在考虑前后张力对弹性区影响的同时，没有对接触弧简化，接触弧仍然采用圆弧，积分时将对轧制方向长度的积分转化为对接触角的积分，从而得到入口弹性变形区轧制力的精确解。入口弹性变形区 I 的轧制力 F_{uin}^e 为

$$\begin{aligned}
F_{uin}^e &= 2w \int_l^{l_{in}+l} \left(\frac{E_s}{1 - \nu_s^2} \frac{h_{in} - h_x}{h_{in}} + \frac{\nu_s}{1 - \nu_s} \sigma_b \right) \mathrm{d}x \\
&= 2w \int_\theta^{\theta_{in}} \left(\frac{E_s}{1 - \nu_s^2} \frac{h_{in} - h_\alpha}{h_{in}} + \frac{\nu_s}{1 - \nu_s} \sigma_b \right) R\cos\alpha \mathrm{d}\alpha \\
&= \frac{2E_s w R}{(1 - \nu_s^2) h_{in}} \left[(h_{in} - R - h_r)(\sin\theta_{in} - \sin\theta) + \frac{R}{2} \left(\theta_{in} - \theta + \frac{\sin 2\theta_{in} - \sin 2\theta}{2} \right) \right] + \\
&\quad \frac{2Rw\nu_s \sigma_b}{1 - \nu_s} (\sin\theta_{in} - \sin\theta)
\end{aligned} \tag{6-11}$$

式中，θ 为塑性区的接触角，rad，$\theta = \arcsin(l/R)$。

在出口弹性恢复区 III，同一 t 时刻变形区内每一点对应的最终弹性恢复程度不同。设弹性恢复后带钢的过渡区为一条倾斜的直线。点 $(x_0 - l_{out}, h_{out})$ 在该直线 h_{xout} 上，直线的斜率为 $\tan\beta$，所以直线方程为

$$h_{x\text{out}} = [x - (x_0 - l_{\text{out}})]\tan\beta + h_{\text{out}} \tag{6-12}$$

$$h_{\alpha\text{out}} = [R\sin\alpha - (x_0 - l_{\text{out}})]\tan\beta + h_{\text{out}}$$

式中，$x_0 = R\sin\alpha_0$。

出口弹性恢复区Ⅲ的轧制力 $F_{\text{uout}}^{\text{e}}$ 为

$$F_{\text{uout}}^{\text{e}} = 2w\int_{x_0-l_{\text{out}}}^{x_0}\left(\frac{E_{\text{s}}}{1-\nu_{\text{s}}^2}\frac{h_{x\text{out}}-h_x}{h_{x\text{out}}} + \frac{\nu_{\text{s}}}{1-\nu_{\text{s}}}\sigma_{\text{f}}\right)\mathrm{d}x$$

$$= 2w\int_{\alpha_0-\theta_{\text{out}}}^{\alpha_0}\left(\frac{E_{\text{s}}}{1-\nu_{\text{s}}^2}\frac{h_{\alpha\text{out}}-h_\alpha}{h_{\alpha\text{out}}} + \frac{\nu_{\text{s}}}{1-\nu_{\text{s}}}\sigma_{\text{f}}\right)R\cos\alpha\,\mathrm{d}\alpha$$

$$= \frac{wRE_{\text{s}}}{(1-\nu_{\text{s}}^2)(h_{\text{out}}+h_1)}\{4[h_{\text{out}}-R-h_{\text{r}}-(x_0-l_{\text{out}})\tan\beta]$$

$$[\sin\alpha_0 - \sin(\alpha_0-\theta_{\text{out}})] + 2R\tan\beta[\sin^2\alpha_0 - \sin^2(\alpha_0-\theta_{\text{out}})] +$$

$$R[2\theta_{\text{out}} + \sin2\alpha_0 - \sin(2\alpha_0-2\theta_{\text{out}})]\} + \frac{2wR\nu_{\text{s}}\sigma_{\text{f}}}{1-\nu_{\text{s}}}[\sin\alpha_0 - \sin(\alpha_0-\theta_{\text{out}})] \tag{6-13}$$

6.2.2 减薄轧制弹性变形区的轧制力计算

减薄轧制过程中弹性变形区轧制力的计算与增厚轧制过程类似，其计算过程参考增厚轧制，下面主要给出与增厚轧制的不同之处。

$$h_{\text{out}} = h_{\text{thick}} + V_{\text{y}}t \tag{6-14}$$

$$h_{\text{r}} = h_{\text{out}} + R\cos(\alpha_0+\theta_{\text{out}}) - R \tag{6-15}$$

$$l_{\text{out}} = \sqrt{2R(h_{\text{out}}-h_{\text{r}})} - \sqrt{2R(h_1-h_{\text{r}})} \tag{6-16}$$

$$h_{x\text{out}} = -[x + (x_0+l_{\text{out}})]\tan\beta + h_{\text{out}}$$

$$h_{\alpha\text{out}} = -[R\sin\alpha + (x_0+l_{\text{out}})]\tan\beta + h_{\text{out}} \tag{6-17}$$

入口弹性变形区Ⅰ的轧制力 $F_{\text{din}}^{\text{e}}$ 为

$$F_{\text{din}}^{\text{e}} = 2w\int_l^{l_{\text{in}}+l}\left(\frac{E_{\text{s}}}{1-\nu_{\text{s}}^2}\frac{h_{\text{in}}-h_x}{h_{\text{in}}} + \frac{\nu_{\text{s}}}{1-\nu_{\text{s}}}\sigma_{\text{b}}\right)\mathrm{d}x$$

$$= \frac{2E_{\text{s}}wR}{(1-\nu_{\text{s}}^2)h_{\text{in}}}\left[(h_{\text{in}}-R-h_{\text{r}})(\sin\theta_{\text{in}}-\sin\theta) + \frac{R}{2}\left(\theta_{\text{in}}-\theta+\frac{\sin2\theta_{\text{in}}-\sin2\theta}{2}\right)\right] +$$

$$\frac{2Rw\nu_{\text{s}}\sigma_{\text{b}}}{1-\nu_{\text{s}}}(\sin\theta_{\text{in}}-\sin\theta) \tag{6-18}$$

出口弹性恢复区Ⅲ的轧制力 $F_{\text{dout}}^{\text{e}}$ 为

$$F_{\text{dout}}^{\text{e}} = 2w\int_{-(\alpha_0+\theta_{\text{out}})}^{-\alpha_0}\left(\frac{E_{\text{s}}}{1-\nu_{\text{s}}^2}\frac{h_{\alpha\text{out}}-h_\alpha}{h_{\alpha\text{out}}} + \frac{\nu_{\text{s}}}{1-\nu_{\text{s}}}\sigma_{\text{f}}\right)R\cos\alpha\,\mathrm{d}\alpha$$

$$= \frac{-4wRE_s\sin\alpha_0}{(1-\nu_s^2)(h_1+h_{out})}\left[\frac{R\tan\beta}{2}\sin\alpha_0 + h_{out} - R - h_r - x_0\tan\beta\right] +$$

$$\frac{4wRE_s\sin(\alpha_0+\theta_{out})}{(1-\nu_s^2)(h_1+h_{out})}\left[\frac{R\tan\beta}{2}\sin(\alpha_0+\theta_{out}) + h_{out} - R - h_r - x_0\tan\beta\right] -$$

$$\frac{wR^2E_s}{(1-\nu_s^2)(h_1+h_{out})}\left[2\theta_{out} - \sin2\alpha_0 + \sin(2\alpha_0-2\theta_{out})\right] \tag{6-19}$$

6.3　变厚度轧制塑性变形区速度场构建

考虑变厚度轧制时轧辊上下移动的影响，根据轧制时金属流动的质量守恒条件可得

$$h_0v_0 = h_xv_x + V_yR(\theta - \alpha) \tag{6-20}$$

变厚度轧制时的速度场为

$$v_x = \frac{h_0v_0 - V_yR\theta + V_yR\alpha}{h_x}$$

$$v_y = \left(\frac{v_x}{h_x}h_x' - \frac{V_yR}{xh_x}h_x'\right)y \tag{6-21}$$

$$v_z = 0$$

根据 Cauchy 方程，应变速率场的分量为

$$\dot{\varepsilon}_x = -\frac{v_x}{h_x}h_x' + \frac{V_yR}{xh_x}h_x'$$

$$\dot{\varepsilon}_y = \frac{v_x}{h_x}h_x' - \frac{V_yR}{xh_x}h_x' \tag{6-22}$$

$$\dot{\varepsilon}_z = 0$$

根据式（6-21）和式（6-22）可得，塑性区入口处 $v_x|_{x=l} = v_0$，$v_y|_{y=0} = 0$，$v_z|_{z=0} = 0$；塑性区出口处 $v_y|_{x=x_0} \neq 0$。这是由于轧辊存在上移或下移速度且轧辊本身圆周速度的竖直分量也不为零。应变速率场满足 $\dot{\varepsilon}_x + \dot{\varepsilon}_y + \dot{\varepsilon}_z = 0$，则式（6-21）和式（6-22）是满足运动许可条件的速度场和应变速率场。

6.4　增厚轧制塑性变形区总功率泛函

根据图 6-4 可知，变厚度轧制时的变形区与常规轧制不同。增厚轧制时塑性变形区的接触弧长度 l_{utotal} 为

$$l_{utotal} = l - x_0 = \sqrt{R^2 - (R\cos\alpha_0 - \Delta h)^2} - x_0 \tag{6-23}$$

6.4.1 内部塑性变形功率

本章利用 MY 屈服准则计算内部塑性变形功率，注意到增厚轧制时 $\dot{\varepsilon}_{\max} = \dot{\varepsilon}_y$，$\dot{\varepsilon}_{\min} = \dot{\varepsilon}_x$，将其代入式（1-11）中可得增厚轧制时内部塑性变形功率为

$$\dot{W}_{ui} = \int_V D(\dot{\varepsilon}_{ij})\,\mathrm{d}V = \frac{16}{7}\sigma_s \int_{x_0}^l \int_0^w \int_0^{h_x} (\dot{\varepsilon}_{\max} - \dot{\varepsilon}_{\min})\,\mathrm{d}x\mathrm{d}y\mathrm{d}z$$

$$= -\frac{32}{7}\sigma_s w \int_{x_0}^l \left[(-h_0 v_0 + V_y R\theta)\frac{h'_x}{h_x} - V_y R\frac{\alpha}{h_x} h'_x + V_y R\frac{h'_x}{x} \right]\mathrm{d}x \tag{6-24}$$

为了计算和书写方便，令 $M = \dfrac{h_0}{R} + \cos\theta$，单位秒流量 $U = v_0 h_0 w = v_n h_n w = v_R \cos\alpha_n w (h_0 + R\cos\theta - R\cos\alpha_n) + V_y Rw(\theta - \alpha_n)$，对 $\cos\alpha$ 在变形区内采用中值定理求平均值，如式（6-25）所示。

$$\overline{\cos\alpha} = \frac{\displaystyle\int_{\alpha_0}^\theta \cos\alpha\mathrm{d}\alpha}{\theta - \alpha_0} = \frac{\sin\theta - \sin\alpha_0}{\theta - \alpha_0} \tag{6-25}$$

则内部塑性变形功率 $\dot{W}_{ui}$ 为

$$\dot{W}_{ui} = \frac{32}{7}\sigma_s U\ln\frac{h_0}{h_1} + \frac{32}{7}\sigma_s w V_y R\left\{ \theta\ln\frac{h_1(M - \cos\theta)}{h_0} - \alpha_0\ln(M - \cos\alpha_0) - \right.$$

$$\left. (\theta - \alpha_0)\left[1 + \ln\left(M - \frac{\sin\theta - \sin\alpha_0}{\theta - \alpha_0} \right) \right] \right\} \tag{6-26}$$

6.4.2 入口与出口的剪切功率

根据式（6-21）的速度场可得在轧件的塑性区入口 $x = l$ 处有

$$v_y\big|_{x=l} = \left(\frac{h_0 v_0 - V_y R\theta + V_y R\theta}{h_0^2}h'_0 - \frac{V_y R}{lh_0}h'_0 \right) y = \left(\frac{v_0}{h_0} - \frac{V_y R}{lh_0} \right)\tan\theta y \tag{6-27}$$

$$v_z\big|_{x=l} = 0$$

则轧件的入口剪切功率 $\dot{W}_{usl}$ 为

$$\dot{W}_{usl} = 4k\int_0^{h_0}\int_0^w |\Delta v_t|\mathrm{d}y\mathrm{d}z = 4k\int_0^{h_0}\int_0^w \left(\frac{v_0}{h_0} - \frac{V_y R}{lh_0} \right)\tan\theta y\mathrm{d}y\mathrm{d}z$$

$$= 2kwh_0\tan\theta\left(v_0 - \frac{V_y R}{l} \right) = 2kU\tan\theta - \frac{2kwh_0 V_y R\tan\theta}{l} \tag{6-28}$$

在轧件的塑性区出口 $x = x_0$ 处

$$v_y\big|_{x=x_0} = \left(\frac{h_0 v_0 - V_y R\theta + V_y R\alpha_0}{h_1^2} - \frac{V_y R}{x_0 h_1} \right)\tan\alpha_0 y \tag{6-29}$$

$$v_z\big|_{x=x_0} = 0$$

则轧件的出口剪切功率 $\dot{W}_{us2}$ 为

$$\dot{W}_{us2} = 4k \int_0^{h_1} \int_0^w |\Delta v_t| dydz = 4k \int_0^{h_1} \int_0^w \left| \left(\frac{h_0 v_0 - V_y R\theta + V_y R\alpha_0}{h_1^2} - \frac{V_y R}{x_0 h_1} \right) \tan\alpha_0 y \right| dydz$$

$$= 2kU\tan\alpha_0 - 2kwV_y R\tan\alpha_0 \left(\frac{h_1}{x_0} + \theta - \alpha_0 \right) \tag{6-30}$$

因此，总剪切功率 $\dot{W}_{us}$ 为

$$\dot{W}_{us} = \dot{W}_{us1} + \dot{W}_{us2}$$

$$= 2kU(\tan\theta + \tan\alpha_0) - \frac{2kwh_0 V_y R\tan\theta}{l} - 2kwV_y R\tan\alpha_0 \left(\frac{h_1}{x_0} + \theta - \alpha_0 \right) \tag{6-31}$$

6.4.3　摩擦功率

摩擦力作用在轧辊与轧件接触面上，由式（6-21）可以得到轧件与轧辊接触面上切向速度不连续量 $\Delta \boldsymbol{v}_f$ 沿 x、y、z 方向上的速度分量 Δv_x、Δv_y 和 Δv_z 分别为

$$\Delta v_x = v_R \cos\alpha - \left(\frac{h_0 v_0 - V_y R\theta}{h_x} + \frac{V_y R\alpha}{h_x} \right)$$

$$\Delta v_y |_{y=h_x} = v_R \sin\alpha - V_y - \left(\frac{h_0 v_0 - V_y R\theta}{h_x} + \frac{V_y R\alpha}{h_x} - \frac{V_y R}{x} \right) \tan\alpha \tag{6-32}$$

$$\Delta v_z = 0$$

切向速度不连续量 $\Delta \boldsymbol{v}_f$ 和摩擦应力 $\boldsymbol{\tau}_f = mk$ 在接触面上的方向相同，采用共线矢量内积方法求解的摩擦功率 $\dot{W}_{uf}$ 为

$$\dot{W}_{uf} = 4 \int_{x_0}^l \int_0^w \tau_f |\Delta v_f| dF = 4 \int_{x_0}^l \int_0^w \boldsymbol{\tau}_f \Delta \boldsymbol{v}_f dF = 4 \int_{x_0}^l \int_0^w (\tau_{fx} \Delta v_x + \tau_{fy} \Delta v_y + \tau_{fz} \Delta v_z) dF$$

$$= 4mk \int_{x_0}^l \int_0^w (\Delta v_x \cos\alpha + \Delta v_y \cos\beta + \Delta v_z \cos\gamma) dF$$

$$\tag{6-33}$$

由式（6-1）可以得到方向余弦 $\cos\alpha$、$\cos\beta$ 和 $\cos\gamma$ 以及轧辊表面的微元 dF 分别为

$$\cos\alpha = \pm \frac{\sqrt{R^2 - x^2}}{R}, \quad \cos\beta = 0, \quad \cos\gamma = \pm \frac{x}{R} = \sin\alpha \tag{6-34}$$

$$dF = \sqrt{1 + (h_x')^2} dxdy = \sec\alpha dxdz \tag{6-35}$$

将式（6-32）、式（6-34）和式（6-35）代入式（6-33）并积分可得

$$\dot{W}_{\mathrm{uf}} = 4mkw\left(\int_{x_0}^{l}\Delta v_x\cos\alpha\sec\alpha\mathrm{d}x + \int_{x_0}^{l}\Delta v_y\sin\alpha\sec\alpha\mathrm{d}x\right)$$

$$= 4mkw\left\{\int_{x_0}^{l}\left[v_{\mathrm{R}}\cos\alpha - \left(\frac{h_0v_0 - V_yR\theta}{h_x} + \frac{V_yR\alpha}{h_x}\right)\right]\mathrm{d}x + \right.$$

$$\left. \int_{x_0}^{l}\left[v_{\mathrm{R}}\sin\alpha - V_y - \left(\frac{h_0v_0 - V_yR\theta}{h_x} + \frac{V_yR\alpha}{h_x} - \frac{V_yR}{x}\right)\tan\alpha\right]\tan\alpha\mathrm{d}x\right\} \tag{6-36}$$

$$= 4mkw(I_1 + I_2)$$

$$I_1 = \int_{x_0}^{l}\left[v_{\mathrm{R}}\cos\alpha - \left(\frac{h_0v_0 - V_yR\theta + V_yR\alpha}{h_x}\right)\right]\mathrm{d}x$$

$$= -\int_{x_0}^{x_n}\left[v_{\mathrm{R}}\cos\alpha - \left(\frac{h_0v_0 - V_yR\theta + V_yR\alpha}{h_x}\right)\right]\mathrm{d}x + \int_{x_n}^{l}\left[v_{\mathrm{R}}\cos\alpha - \left(\frac{h_0v_0 - V_yR\theta + V_yR\alpha}{h_x}\right)\right]\mathrm{d}x$$

$$= v_{\mathrm{R}}R\left(\frac{\alpha_0}{2} + \frac{\theta}{2} - \alpha_n + \frac{\sin2\theta}{4} - \frac{\sin2\alpha_n}{2} + \frac{\sin2\alpha_0}{4}\right) + (h_0v_0 - V_yR\theta + V_yR\alpha_{\mathrm{um}})\left\{\alpha_0 + \theta + \right.$$

$$\frac{2M}{\sqrt{M^2 - 1}}\left[2\arctan\left(\sqrt{\frac{M+1}{M-1}}\tan\frac{\alpha_n}{2}\right) - \arctan\left(\sqrt{\frac{M+1}{M-1}}\tan\frac{\alpha_0}{2}\right) - \right.$$

$$\left.\left. \arctan\left(\sqrt{\frac{M+1}{M-1}}\tan\frac{\theta}{2}\right)\right] - 2\alpha_n\right\} \tag{6-37}$$

根据式（6-37），利用中值定理求得增厚轧制时接触角的平均值 α_{um} 为

$$\alpha_{\mathrm{um}} = \frac{\int_{x_0}^{l}\alpha\mathrm{d}x}{l - x_0} = \frac{\theta\sin\theta + \cos\theta - \alpha_0\sin\alpha_0 - \cos\alpha_0}{\sin\theta - \sin\alpha_0} \tag{6-38}$$

同理 I_2 为

$$I_2 = \int_{x_0}^{l}\left[v_{\mathrm{R}}\sin\alpha - V_y - \left(\frac{h_0v_0 - V_yR\theta + V_yR\alpha}{h_x} - \frac{V_yR}{x}\right)\tan\alpha\right]\tan\alpha\mathrm{d}x$$

$$= v_{\mathrm{R}}R\left(\frac{\alpha_0}{2} + \frac{\theta}{2} - \alpha_n + \frac{\sin2\alpha_n}{2} - \frac{\sin2\theta}{4} - \frac{\sin2\alpha_0}{4}\right) + V_yR(\cos\alpha_0 + \cos\theta - 2\cos\alpha_n) + $$

$$V_yR\ln\frac{\cos^2\alpha_n}{\cos\alpha_0\cos\theta} + (h_0v_0 - V_yR\theta + V_yR\alpha_{\mathrm{um}})\left\{2\alpha_n - \alpha_0 - \theta + \right.$$

$$\frac{1}{M}\ln\frac{\tan^2(\pi/4 + \alpha_n/2)}{\tan(\pi/4 + \alpha_0/2)\tan(\pi/4 + \theta/2)} + \frac{2\sqrt{M^2 - 1}}{M}\left[\arctan\left(\sqrt{\frac{M+1}{M-1}}\tan\frac{\alpha_0}{2}\right) - \right.$$

$$\left.\left. 2\arctan\left(\sqrt{\frac{M+1}{M-1}}\tan\frac{\alpha_n}{2}\right) + \arctan\left(\sqrt{\frac{M+1}{M-1}}\tan\frac{\theta}{2}\right)\right]\right\} \tag{6-39}$$

将式（6-37）和式（6-39）代入式（6-36）得到摩擦功率 $\dot{W}_{\mathrm{uf}}$ 为

$$\dot{W}_{uf} = 4mkw\left\{v_R R(\alpha_0 + \theta - 2\alpha_n) + V_y R\ln\frac{\cos^2\alpha_n}{\cos\alpha_0\cos\theta} + V_y R(\cos\alpha_0 + \cos\theta - 2\cos\alpha_n) + \right.$$

$$\frac{2(U/w - V_y R\theta + V_y R\alpha_{um})}{M\sqrt{M^2-1}}\left[2\arctan\left(\sqrt{\frac{M+1}{M-1}}\tan\frac{\alpha_n}{2}\right) - \right.$$

$$\arctan\left(\sqrt{\frac{M+1}{M-1}}\tan\frac{\alpha_0}{2}\right) - \arctan\left(\sqrt{\frac{M+1}{M-1}}\tan\frac{\theta}{2}\right) + $$

$$\left.\left.\frac{\sqrt{M^2-1}}{2}\ln\frac{\tan^2(\pi/4 + \alpha_n/2)}{\tan(\pi/4 + \alpha_0/2)\tan(\pi/4 + \theta/2)}\right]\right\} \tag{6-40}$$

6.4.4 张力功率

若变形区存在前后张力，则变形区的张力功率 $\dot{W}_{uT}$ 为

$$\dot{W}_{uT} = 4(\sigma_b wh_0 v_0 - \sigma_f wh_1 v_1) = 4U(\sigma_b - \sigma_f) + 4V_y Rw\sigma_f(\theta - \alpha_0) \tag{6-41}$$

式中，σ_b 和 σ_f 分别为前后张力，Pa。

6.4.5 总功率泛函最小化

将式（6-26）、式（6-31）、式（6-40）和式（6-41）代入 $J_u^* = \dot{W}_{ui} + \dot{W}_{us} + \dot{W}_{uf} + \dot{W}_{uT}$，得到增厚轧制变形区总功率泛函 J_u^* 解析表达式为

$$J_u^* = \frac{32}{7}\sigma_s U\ln\frac{h_0}{h_1} + 2kU(\tan\theta + \tan\alpha_0) - \frac{2kwh_0 V_y R\tan\theta}{l} - 2kwV_y R\tan\alpha_0\left(\frac{h_1}{x_0} + \theta - \alpha_0\right) + $$

$$\frac{32}{7}\sigma_s wV_y R\left\{\theta\ln\frac{h_1(M-\cos\theta)}{h_0} - (\theta - \alpha_0)\left[1 + \ln\left(M - \frac{\sin\theta - \sin\alpha_0}{\theta - \alpha_0}\right)\right] - \alpha_0\ln(M - \cos\alpha_0)\right\} + $$

$$4mkw\left\{v_R R(\alpha_0 + \theta - 2\alpha_n) + V_y R\ln\frac{\cos^2\alpha_n}{\cos\alpha_0\cos\theta} + V_y R(\cos\alpha_0 + \cos\theta - 2\cos\alpha_n) + \right.$$

$$4U(\sigma_b - \sigma_f) + 4V_y Rw\sigma_f(\theta - \alpha_0) + \frac{2(U/w - V_y R\theta + V_y R\alpha_{um})}{M\sqrt{M^2-1}}$$

$$\left[2\arctan\left(\sqrt{\frac{M+1}{M-1}}\tan\frac{\alpha_n}{2}\right) - \arctan\left(\sqrt{\frac{M+1}{M-1}}\tan\frac{\alpha_0}{2}\right) - \right.$$

$$\left.\left.\arctan\left(\sqrt{\frac{M+1}{M-1}}\tan\frac{\theta}{2}\right) + \frac{\sqrt{M^2-1}}{2}\ln\frac{\tan^2(\pi/4 + \alpha_n/2)}{\tan(\pi/4 + \alpha_0/2)\tan(\pi/4 + \theta/2)}\right]\right\} \tag{6-42}$$

将式（6-42）的总功率泛函 J_u^* 对任意的 α_n 求导，并令导数等于零可得到中性角及总功率泛函最小值 J_{umin}^*，如式（6-43）所示。

$$\frac{\mathrm{d}J_u^*}{\mathrm{d}\alpha_n} = \frac{\mathrm{d}\dot{W}_{ui}}{\mathrm{d}\alpha_n} + \frac{\mathrm{d}\dot{W}_{us}}{\mathrm{d}\alpha_n} + \frac{\mathrm{d}\dot{W}_{uf}}{\mathrm{d}\alpha_n} + \frac{\mathrm{d}\dot{W}_{uT}}{\mathrm{d}\alpha_n} = 0 \tag{6-43}$$

式（6-43）中各个功率的导数分别为

$$\frac{\mathrm{d}\dot{W}_{ui}}{\mathrm{d}\alpha_n} = \frac{32}{7}\sigma_s N\ln\frac{h_0}{h_1} \tag{6-44}$$

$$\frac{\mathrm{d}\dot{W}_{us}}{\mathrm{d}\alpha_n} = 2kN(\tan\theta + \tan\alpha_0) \tag{6-45}$$

$$\frac{\mathrm{d}\dot{W}_{uf}}{\mathrm{d}\alpha_n} = 8mkw\left\{-v_R R - V_y R\tan\alpha_n + \frac{U/w - V_y R\theta + V_y R\alpha_{um}}{\cos\alpha_n(M - \cos\alpha_n)} + V_y R\sin\alpha_n + \right.$$
$$\frac{N}{wM\sqrt{M^2-1}}\left[2\arctan\left(\sqrt{\frac{M+1}{M-1}}\tan\frac{\alpha_n}{2}\right) - \arctan\left(\sqrt{\frac{M+1}{M-1}}\tan\frac{\alpha_0}{2}\right) - \right.$$
$$\left.\left.\arctan\left(\sqrt{\frac{M+1}{M-1}}\tan\frac{\theta}{2}\right) + \frac{\sqrt{M^2-1}}{2}\ln\frac{\tan^2(\pi/4 + \alpha_n/2)}{\tan(\pi/4 + \alpha_0/2)\tan(\pi/4 + \theta/2)}\right]\right\} \tag{6-46}$$

$$\frac{\mathrm{d}\dot{W}_{uT}}{\mathrm{d}\alpha_n} = 4N(\sigma_b - \sigma_f) \tag{6-47}$$

式中，$N = \dfrac{\mathrm{d}U}{\mathrm{d}\alpha_n} = v_R wR\sin2\alpha_n - v_R w(h_0 + R\cos\theta)\sin\alpha_n - wV_y R$。

6.5 减薄轧制塑性变形区总功率泛函

根据图 6-5 可知，减薄轧制时塑性变形区的接触弧长度 l_{dtotal} 为

$$l_{dtotal} = l + x_0 = \sqrt{R^2 - (R\cos\alpha_0 - \Delta h)^2} + x_0 \tag{6-48}$$

减薄轧制时的接触弧长度与增厚轧制不同，变形区的长度增加，但计算变形区的各个功率仍可采用与增厚轧制类似的办法。同样采用 MY 线性屈服准则计算内部塑性变形功率，为了得到其解析解，对 $\cos\alpha$ 在变形区内采用中值定理，求得的平均值为

$$\overline{\cos\alpha} = \frac{\displaystyle\int_{-\alpha_0}^{\theta}\cos\alpha\,\mathrm{d}\alpha}{\theta + \alpha_0} = \frac{\sin\theta + \sin\alpha_0}{\theta + \alpha_0} \tag{6-49}$$

减薄轧制的内部变形功率 $\dot{W}_{di}$ 为

$$\dot{W}_{di} = \int_V D(\dot{\varepsilon}_{ij})\,\mathrm{d}V = \frac{16}{7}\sigma_s \int_{-x_0}^{l}\int_0^w\int_0^{h_x}(\dot{\varepsilon}_{max} - \dot{\varepsilon}_{min})\,\mathrm{d}x\mathrm{d}y\mathrm{d}z$$

$$= -\frac{32}{7}\sigma_s \int_{-x_0}^{l}\int_0^w\int_0^{h_x}\left(\frac{-h_0 v_0 + V_y R\theta - V_y R\alpha}{h_x^2}h_x' + \frac{V_y R}{x h_x}h_x'\right)\mathrm{d}x\mathrm{d}y\mathrm{d}z$$

$$= \frac{32}{7}\sigma_s U\ln\frac{h_0}{h_1} + \frac{32}{7}\sigma_s w V_y R\left\{\theta\ln\frac{h_1(M - \cos\theta)}{h_0} + \alpha_0\ln(M - \cos\alpha_0) - \right.$$

$$\left. (\theta + \alpha_0)\left[1 + \ln\left(M - \frac{\sin\theta + \sin\alpha_0}{\theta + \alpha_0}\right)\right]\right\} \tag{6-50}$$

分别求解轧件的入口剪切功率和出口剪切功率，进而得到总剪切功率 $\dot{W}_{ds}$ 为

$$\dot{W}_{ds} = \dot{W}_{ds1} + \dot{W}_{ds2}$$

$$= 2kU(\tan\theta + \tan\alpha_0) - \frac{2kwh_0 V_y R\tan\theta}{l} - 2kwV_y R\tan\alpha_0\left(-\frac{h_1}{x_0} + \theta + \alpha_0\right) \tag{6-51}$$

减薄轧制时带钢变形区出口侧在轧制方向上经过轧辊最低点，并且仍存在长度为 x_0 的变形区，在计算摩擦时需要考虑。利用中值定理求得减薄轧制时接触角的平均值 α_{dm} 为

$$\alpha_{dm} = \frac{\int_{-x_0}^{l}\alpha\,\mathrm{d}x}{l + x_0} = \frac{\theta\sin\theta + \cos\theta - \alpha_0\sin\alpha_0 - \cos\alpha_0}{\sin\theta + \sin\alpha_0} \tag{6-52}$$

则摩擦功率 $\dot{W}_{df}$ 为

$$\dot{W}_{df} = 4mkw\left(\int_{-x_0}^{l}|\Delta v_x|\cos\alpha\sec\alpha\,\mathrm{d}x + \int_{-x_0}^{l}|\Delta v_y|\sin\alpha\sec\alpha\,\mathrm{d}x\right)$$

$$= 4mkw\left\{v_R R\left(\theta - 2\alpha_n - \frac{\sin2\alpha_0}{2}\right) + V_y R\left(\ln\frac{\cos^2\alpha_n\cos\alpha_0}{\cos\theta}\right) - \right.$$

$$V_y R(2\cos\alpha_n - \cos\theta - \cos\alpha_0) + \frac{2(U/w - V_y R\theta + V_y R\alpha_{dm})}{M\sqrt{M^2 - 1}}$$

$$\left[(2M^2 - 1)\arctan\left(\sqrt{\frac{M + 1}{M - 1}}\tan\frac{\alpha_0}{2}\right) - \arctan\left(\sqrt{\frac{M + 1}{M - 1}}\tan\frac{\theta}{2}\right) - \right.$$

$$\alpha_0 M\sqrt{M^2 - 1} + 2\arctan\left(\sqrt{\frac{M + 1}{M - 1}}\tan\frac{\alpha_n}{2}\right) +$$

$$\left.\left.\frac{\sqrt{M^2 - 1}}{2}\ln\frac{\tan^2(\pi/4 + \alpha_n/2)\tan(\pi/4 - \alpha_0/2)}{\tan(\pi/4 + \theta/2)}\right]\right\} \tag{6-53}$$

张力功率 $\dot{W}_{dT}$ 为

$$\dot{W}_{dT} = 4(\sigma_b wh_0 v_0 - \sigma_f wh_1 v_1) = 4U(\sigma_b - \sigma_f) + 4V_y Rw\sigma_f(\theta + \alpha_0) \quad (6\text{-}54)$$

将式（6-50）、式（6-51）、式（6-53）和式（6-54）代入 $J_d^* = \dot{W}_{di} + \dot{W}_{ds} + \dot{W}_{df} + \dot{W}_{dT}$，得到减薄轧制变形区总功率泛函 J_d^* 解析表达式为

$$J_d^* = \frac{32}{7}\sigma_s U \ln\frac{h_0}{h_1} + 2kU(\tan\theta + \tan\alpha_0) - \frac{2kwh_0 V_y R\tan\theta}{l} -$$

$$2kwV_y R\tan\alpha_0\left(-\frac{h_1}{x_0} + \theta + \alpha_0\right) + \frac{32}{7}\sigma_s wV_y R\left\{\theta\ln\frac{h_1(M - \cos\theta)}{h_0} + \right.$$

$$\alpha_0\ln(M - \cos\alpha_0) - (\theta + \alpha_0)\left[1 + \ln\left(M - \frac{\sin\theta + \sin\alpha_0}{\theta + \alpha_0}\right)\right]\right\} +$$

$$4mkw\left\{v_R R\left(\theta - 2\alpha_n - \frac{\sin 2\alpha_0}{2}\right) + V_y R\ln\frac{\cos^2\alpha_n\cos\alpha_0}{\cos\theta} - \right.$$

$$V_y R(2\cos\alpha_n - \cos\theta - \cos\alpha_0) + \frac{2(U/w - V_y R\theta + V_y R\alpha_{dm})}{M\sqrt{M^2 - 1}}$$

$$\left[(2M^2 - 1)\arctan\left(\sqrt{\frac{M + 1}{M - 1}}\tan\frac{\alpha_0}{2}\right) - \arctan\left(\sqrt{\frac{M + 1}{M - 1}}\tan\frac{\theta}{2}\right) - \right.$$

$$\alpha_0 M\sqrt{M^2 - 1} + 2\arctan\left(\sqrt{\frac{M + 1}{M - 1}}\tan\frac{\alpha_n}{2}\right) +$$

$$\left.\left.\frac{\sqrt{M^2 - 1}}{2}\ln\frac{\tan^2(\pi/4 + \alpha_n/2)\tan(\pi/4 - \alpha_0/2)}{\tan(\pi/4 + \theta/2)}\right]\right\} +$$

$$4U(\sigma_b - \sigma_f) + 4V_y Rw\sigma_f(\theta + \alpha_0) \quad (6\text{-}55)$$

将式（6-55）的总功率泛函 J_d^* 对任意的 α_n 求导，并令导数等于零可得到中性角及总功率泛函最小值 J_{dmin}^*，如式（6-56）所示。

$$\frac{dJ_d^*}{d\alpha_n} = \frac{d\dot{W}_{di}}{d\alpha_n} + \frac{d\dot{W}_{ds}}{d\alpha_n} + \frac{d\dot{W}_{df}}{d\alpha_n} + \frac{d\dot{W}_{dT}}{d\alpha_n} = 0 \quad (6\text{-}56)$$

各个功率的导数分别为

$$\frac{d\dot{W}_{df}}{d\alpha_n} = 8mkw\left\{-v_R R - V_y R\tan\alpha_n + V_y R\sin\alpha_n + \frac{U/w - V_y R\theta + V_y R\alpha_{dm}}{\cos\alpha_n(M - \cos\alpha_n)} + \right.$$

$$\frac{N}{wM\sqrt{M^2 - 1}}\left[(2M^2 - 1)\arctan\left(\sqrt{\frac{M + 1}{M - 1}}\tan\frac{\alpha_0}{2}\right) - \alpha_0 M\sqrt{M^2 - 1} - \right.$$

$$\arctan\left(\sqrt{\frac{M + 1}{M - 1}}\tan\frac{\theta}{2}\right) + 2\arctan\left(\sqrt{\frac{M + 1}{M - 1}}\tan\frac{\alpha_n}{2}\right) +$$

$$\frac{\sqrt{M^2-1}}{2}\ln\frac{\tan^2(\pi/4+\alpha_n/2)\tan(\pi/4-\alpha_0/2)}{\tan(\pi/4+\theta/2)}\Bigg]\Bigg\} \tag{6-57}$$

$$\frac{\mathrm{d}\dot{W}_{\mathrm{di}}}{\mathrm{d}\alpha_n}=\frac{32}{7}\sigma_s N\ln\frac{h_0}{h_1} \tag{6-58}$$

$$\frac{\mathrm{d}\dot{W}_{\mathrm{ds}}}{\mathrm{d}\alpha_n}=2kN(\tan\theta+\tan\alpha_0) \tag{6-59}$$

$$\frac{\mathrm{d}\dot{W}_{\mathrm{dT}}}{\mathrm{d}\alpha_n}=4N(\sigma_b-\sigma_f) \tag{6-60}$$

6.6　变厚度轧制参数模型验证与分析

根据式（6-42）、式（6-43）、式（6-55）和式（6-56）分别得到增厚轧制与减薄轧制过程中不同生产条件下的中性角 α_n 值和总功率泛函的最小值 $J_{\min}^*$，则塑性变形区相应的轧制力矩 M 和轧制力 $F_{\min}^{\mathrm{p}}$ 为

$$M=\frac{R_0(\dot{W}_i+\dot{W}_f+\dot{W}_s)_{\min}}{2v_R},\quad F_{\min}^{\mathrm{p}}=\frac{M}{\chi l_{\mathrm{total}}} \tag{6-61}$$

变厚度轧制变形区的总轧制力为

$$F=F_{\mathrm{in}}^{\mathrm{e}}+F_{\mathrm{out}}^{\mathrm{e}}+F_{\min}^{\mathrm{p}} \tag{6-62}$$

对于存在前后张力的变厚度轧制过程，如冷轧差厚板过程，轧辊的弹性压扁明显，因此采用式（5-35）考虑前后张力的 Hitchcock 轧辊弹性压扁模型。对于不存在前后张力的变厚度轧制过程，如中厚板 MAS 轧制，可以采用式（4-27）简化的轧辊弹性压扁模型。变厚度轧制计算流程如图 6-6 所示。

选取某中厚板生产线中的一次 MAS 轧制过程的实测数据对本章模型进行验证。板坯材料为 Q345，来料的厚度为 0.182 m，宽度为 2.611 m，轧辊直径为 0.946 m，轧辊转速为 0.951 m/s。MAS 轧制中辊缝随时间的变化情况如图 6-7 所示，从图中可以看出，板坯首先在头部经历减薄轧制过程，然后经历一段正常轧制，最后靠近尾部经历增厚轧制过程。采用本章模型计算该轧制过程的轧制力并与现场的实测轧制力值进行对比，如图 6-8 所示。从图中可以看出，本章模型除了在减薄轧制开始点和增厚轧制结束点处的轧制力预测值偏大外，其余处的预测值与现场实测轧制力的最大偏差小于 5%。

利用张广基[9] 在实验室采用 450 mm 直拉式四辊可逆实验轧机对高强度微合金钢 CR340 的变厚度轧制实验结果，验证本章模型在差厚板轧制过程中轧制力的预测精度。带钢的初始厚度为 2 mm，宽度为 220 mm，工作辊的原始半径为

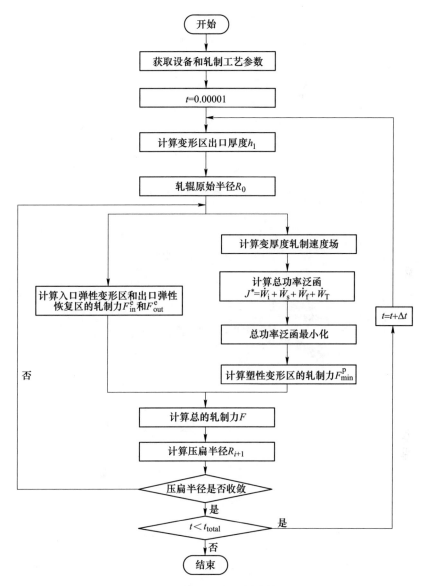

图 6-6 变厚度轧制计算流程

100 mm，前后张力均为 40 kN，轧后的带钢几何尺寸如图 6-9 所示。

将本章模型计算差厚板轧制过程中的轧制力值与实验实测值和张广基采用 Karman 微分方程 Tselikov 求解思想的工程法得到的轧制力进行对比，对比结果如图 6-10 所示，其中 a 点为减薄轧制结束点，b 点为增厚轧制开始点。通过与工程法计算的轧制力对比发现，本模型计算的轧制力与实验值更加接近，因此本章建立的轧制力和变形参数模型可以用来研究差厚板轧制过程。

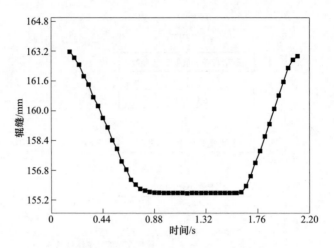

图 6-7　MAS 轧制中辊缝随时间的变化

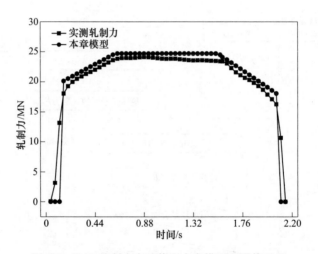

图 6-8　MAS 轧制力实验值和本章模型预测值对比

从图 6-10 可以看出，差厚板轧制分为减薄轧制、等厚轧制和增厚轧制三个过程。轧制力在减薄轧制过程中逐渐增大，在等厚轧制过程中保持稳定，在增厚轧制过程中逐渐减小。这一现象与轧件的压下率、变形抗力和变形区尺寸有关，在减薄轧制过程中，轧件的压下率、变形抗力和变形区尺寸逐渐增大，而在等厚轧制过程中保持不变，在增厚轧制过程中逐渐减小。此外，在差厚板轧制开始阶段和结束阶段，轧制力的实验测量值并不为零，这种现象是因为冷轧时轧件的变形抗力较大，导致轧制过程中轧辊产生明显的弹跳和压扁。因此，为了保证板带的厚度精度，辊缝的实际设定值必须小于目标轧辊辊缝。由图 6-10 还可以看出，轧制力在减薄轧制结束位置（a 点）处的轧制力突然减小，在增厚轧制开始位

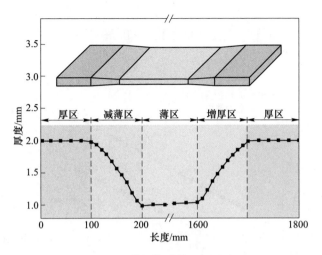

图 6-9 带钢轧后的几何尺寸

（扫描书前二维码看彩图）

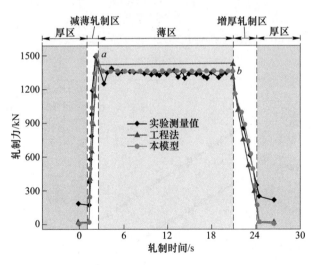

图 6-10 冷轧差厚板度轧制力实验值和理论值对比

（扫描书前二维码看彩图）

置（b 点）处的轧制力突然增加，产生上述突变的原因与轧件变形区的尺寸有关。在轧件压下率相同的情况下，减薄轧制轧件变形区的尺寸最大，等厚轧制的尺寸次之，增厚轧制的尺寸最小，而在 a 点处减薄轧制变为等厚轧制，在 b 点处等厚轧制变为增厚轧制，因此轧制力在 a 点和 b 点处突然减小。

图 6-11 和图 6-12 分别为增厚轧制和减薄轧制过程中轧件入口秒流量和入口速度的变化图，对轧件入口秒流量和入口速度的研究有助于了解变厚度轧制工艺

的特点，进而预测差厚板过渡区的轧制时间。在等厚轧制过程中，轧件的入口秒流量和入口速度是恒定的，但是在增厚轧制和减薄轧制过程中，轧件的入口秒流量和入口速度是时刻变化的。

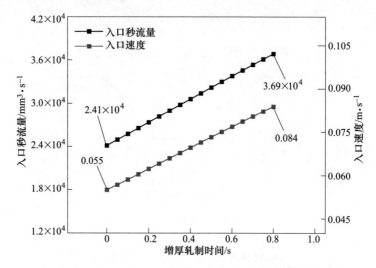

图 6-11   增厚轧制时板坯入口速度和入口秒流量的变化

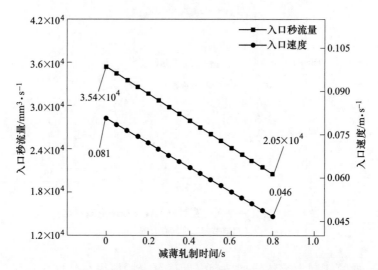

图 6-12   减薄轧制时板坯入口速度和入口秒流量的变化

如图 6-11 所示，在增厚轧制过程中轧件的入口秒流量和入口速度逐渐增加，这与轧件变形区的出入口厚度有关。在增厚轧制过程中，轧件的入口厚度保持不变，出口厚度逐渐增加，因此根据质量守恒原理，轧件的入口速度和入口秒流量逐渐增加。相反，如图 6-12 所示，在减薄轧制过程中轧件的入口秒流量和入口速度逐渐减小，因为在减薄轧制过程中轧件的入口厚度保持不变，出口厚度在不断减小，导致减薄轧制过程中轧件的入口速度和入口秒流量逐渐减小。通过对比图 6-11 和图 6-12 可以发现，在压下率相同的情况下，增厚轧制时轧件的入口速度和入口秒流量均大于减薄轧制时的入口速度和入口秒流量，且轧件的压下率越大时，两者的差距越明显。

图 6-13~图 6-15 为差厚板轧制过程中轧件变形区位置和长度的变化，分析变形区的位置和长度有助于了解差厚板轧制过程中变形参数的变化机理，进而指导轧制工艺参数的设定。如图 6-13 和图 6-15 所示，在增厚轧制过程中，轧件变形区的尺寸逐渐减小，相反，如图 6-14 和图 6-15 所示，在减薄轧制过程中，轧件变形区的尺寸逐渐增大，这与轧件的压下率有关。在增厚轧制的过程中轧件的压下率逐渐减小，而在减薄轧制的过程中轧件的压下率逐渐增加。从图中还可以看出，在轧件压下率相同时，增厚轧制和减薄轧制变形区的出口位置不同，且减薄轧制的变形区长度大于增厚轧制的变形区长度，这与轧辊竖直速度有关。在增厚轧制时轧辊竖直速度向上，从而导致轧件出口位置在轧辊连心线的左侧，相反，在减薄轧制时轧辊竖直速度向下，使得轧件的出口位置在轧辊连心线右侧，因为增厚轧制和减薄轧制的入口位置相同，所以减薄轧制的变形区长度大于增厚轧制的变形区长度。由图 6-13 可以看出在增厚轧制过程中，变形区入口位置的下降速率大于中性面位置的下降速率，因此可以得出增厚轧制过程中变形区中性面的相对位置向变形区入口移动。相反，由图 6-14 可以发现减薄轧制过程中，变形区入口位置的上升速率大于中性面位置的上升速率，因此，减薄轧制过程中变形区中性面的相对位置逐渐远离变形区的入口。

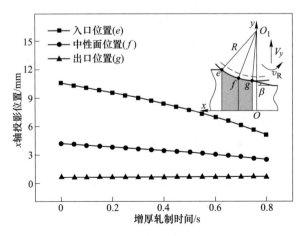

图 6-13 增厚轧制时变形区入口、中性面、出口位置的变化

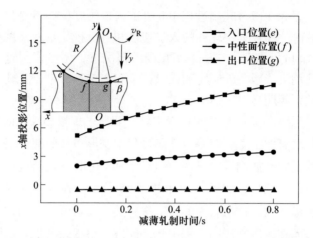

图 6-14　减薄轧制时变形区入口、中性面、出口位置的变化

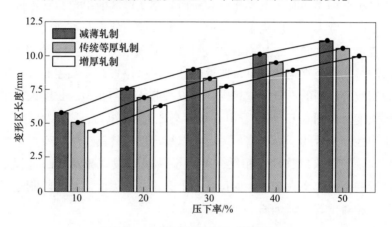

图 6-15　变形区长度随压下率的变化

　　轧制力是控制轧制过程的关键，研究轧制力有助于指导轧辊辊缝的设定，提高板带的厚度精度。影响轧制力的因素有很多，例如轧件的压下率、轧辊竖直速度、摩擦因子、轧件前后张力等。

　　图 6-16 和图 6-17 分别为增厚轧制和减薄轧制时轧辊竖直速度对轧制力的影响，从图中可以看出，在增厚轧制过程中轧制力与轧辊竖直速度 V_y 成反比，在减薄轧制过程中轧制力与轧辊竖直速度 V_y 成正比。出现这种现象与轧件变形区的尺寸有关，在增厚轧制时轧件变形区的尺寸与 V_y 正相关，而在减薄轧制时变形区的尺寸与 V_y 负相关。此外，在轧件压下率相同的情况下，减薄轧制的轧制力大于增厚轧制的轧制力，且随着轧辊竖直速度 V_y 的减小，增厚轧制和减薄轧制的轧制力值越来越接近，这是因为在压下率相同的情况下，减薄轧制的变形区大于增厚轧制的变形区，且随着 V_y 的减小，减薄轧制与增厚轧制的变形区尺寸

逐渐接近。因此，当 V_y 为零时增厚轧制和减薄轧制变为等厚轧制，两者轧制力相等，与实际情况相符。对比图 6-16 和图 6-17 还可以发现，轧辊竖直速度 V_y 对减薄轧制轧制力的影响大于对增厚轧制轧制力的影响。

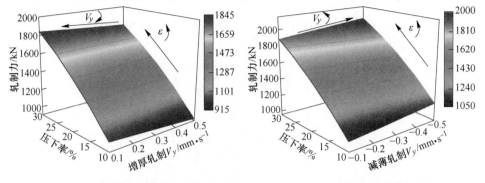

图 6-16 增厚轧制时轧辊竖直
速度对轧制力的影响
（扫描书前二维码看彩图）

图 6-17 减薄轧制时轧辊竖直
速度对轧制力的影响
（扫描书前二维码看彩图）

图 6-18 和图 6-19 分别为增厚轧制和减薄轧制下摩擦因子对轧制力的影响，从图中可以看出，在两种轧制过程中，当轧件的压下率确定时，轧制力与摩擦因子成正相关，这是因为摩擦因子的增加会导致摩擦力的增加，从而导致轧制力增加。当轧件的压下率较大时，摩擦因子对轧制力的影响更明显，因为当轧件的压下率增大时，轧件与轧辊的接触面积增加，从而导致摩擦因子的作用面积增大，进而增大了摩擦因子对轧制力的影响。通过对比图 6-18 和图 6-19 可以看出，当轧件的压下率确定时，摩擦因子对减薄轧制的轧制力影响更明显，产生这种现象

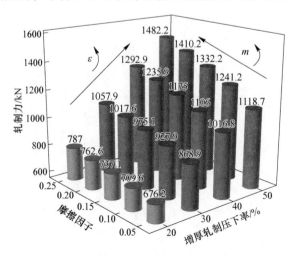

图 6-18 增厚轧制摩擦因子对轧制力的影响

是因为在压下率相同时，减薄轧制变形区的尺寸比增厚轧制变形区的尺寸大，从而导致减薄轧制摩擦因子的作用面积大于增厚轧制。

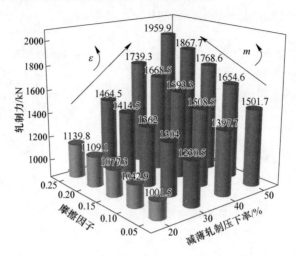

图 6-19　减薄轧制摩擦因子对轧制力的影响

图 6-20～图 6-23 分别为增厚轧制和减薄轧制时前后张力对轧制力的影响，从图中可以看出，在轧件压下率不变的情况下，两种轧制下轧制力随着轧件前后张力的增加而逐渐减小，且当压下率越大时，前后张力对轧制力的影响越明显，这与轧件的变形抗力和变形区面积有关。由轧件的变形抗力模型可知，轧件的前后张力能够减小变形抗力，因此当轧件的压下率越大时，变形区面积和前张力越大，从而导致轧制力变化越明显。前后张力影响变形抗力的原理如下：在轧制过

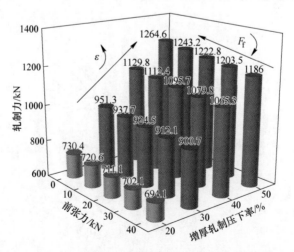

图 6-20　增厚轧制时前张力对轧制力的影响

程中变形区的金属处于三向压应力状态，当轧件的前张力或后张力增加时，轧制方向的压力会逐渐减小甚至变成拉力，从而导致轧件厚度方向的压力逐渐减小。因此在差厚板轧制过程中，施加前后张力可以降低轧件的变形抗力，且施加的张力越大，变形抗力降低越明显。从图中还可以发现，在轧件压下率相同时，前张力对轧制力的影响小于后张力，减薄轧制时前后张力对轧制力的影响大于增厚轧制的影响，这是由于后张力对轧件变形抗力的影响系数大于前张力，且在压下率相同的情况下，减薄轧制变形区的尺寸大于增厚轧制变形区的尺寸。

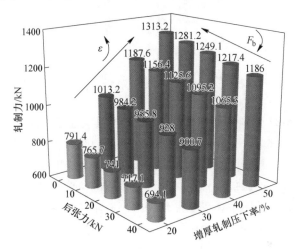

图 6-21　增厚轧制时后张力对轧制力的影响

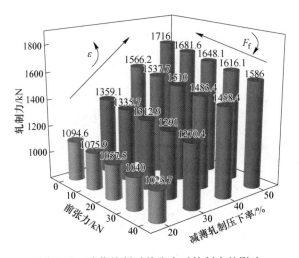

图 6-22　减薄轧制时前张力对轧制力的影响

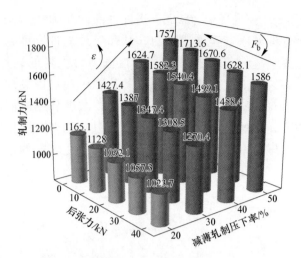

图 6-23　减薄轧制时后张力对轧制力的影响

图 6-24~图 6-27 分别为增厚轧制和减薄轧制下前后张力对中性角大小的影响，当增厚轧制和减薄轧制时间确定时，轧件的前张力增加或者后张力减小都会导致中性角增大，这是因为当前张力增加或后张力减小时，轧件与轧辊之间峰值应力的位置会向变形区入口侧移动，使得中性面的位置向变形区入口处移动，从而导致中性角增大。从图中还可以发现，增厚轧制过程中变形区的中性角逐渐减小，而减薄轧制过程中变形区的中性角逐渐增加，这与轧件的压下率有关。中性角与轧件的压下率成正比，在增厚轧制过程中轧件的压下率逐渐减小，导致中性角减小，而在减薄轧制过程中轧件的压下率逐渐增加，所以中性角增加。在增厚轧制开始和减薄轧制结束时，轧件的前张力对中性角的影响大于后张力，这是因为在增厚轧制开始和减薄轧制结束时，轧件的出口厚度较小，而前张力保持不变，从而导致前张力较大。

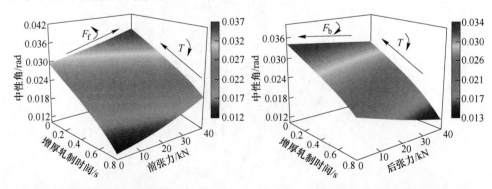

图 6-24　增厚轧制时前张力对中性角的影响　　图 6-25　增厚轧制时后张力对中性角的影响
　　　（扫描书前二维码看彩图）　　　　　　　　（扫描书前二维码看彩图）

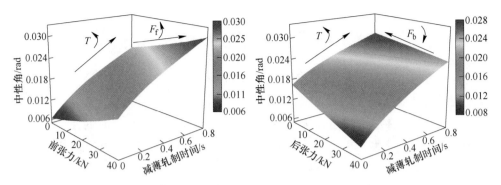

图 6-26　减薄轧制时前张力对中性角的影响　　　图 6-27　减薄轧制时后张力对中性角的影响
　　　　　（扫描书前二维码看彩图）　　　　　　　　　　　（扫描书前二维码看彩图）

图 6-28 和图 6-29 为增厚轧制和减薄轧制下摩擦因子对中性角的影响，当时间确定时摩擦因子与中性角成正比，即随着摩擦因子的增加，轧件变形区的中性面向变形区入口侧移动。如图 6-28 所示，在增厚轧制的过程中，摩擦因子对中性角的影响逐渐减小，相反，在减薄轧制过程中，摩擦因子对中性角的影响逐渐增大（见图 6-29），产生这种现象与轧件的压下率有关。减薄轧制时，轧件的压下率随着轧制的进行逐渐增大，而增厚轧制时轧件的压下率随着轧制的进行逐渐减小，当轧件的压下率较大时，轧件与轧辊之间的接触面积增大，从而导致摩擦因子的作用面积增大。对比图 6-28 和图 6-29 可知，在轧件压下率相同的情况下，增厚轧制变形区的中性角大于减薄轧制变形区的中性角，产生这种现象的原因与轧件变形区的位置和尺寸有关。在轧件压下率相同的情况下，增厚轧制与减薄轧制变形区的入口位置相同，但是出口位置不同，增厚轧制时变形区的出口位置在轧辊连心线的左侧，减薄轧制时变形区的出口位置在轧辊连心线的右侧，这使得减薄轧制中性面的位置比增厚轧制中性面的位置更靠近轧辊连心线，因此增厚轧制变形区的中性角大于减薄轧制变形区的中性角。

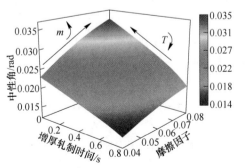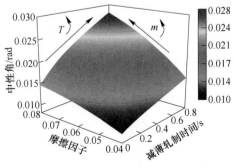

图 6-28　增厚轧制时摩擦因子对中性角的影响　　　图 6-29　减薄轧制时摩擦因子对中性角的影响
　　　　　（扫描书前二维码看彩图）　　　　　　　　　　　（扫描书前二维码看彩图）

6.7　本章小结

本章考虑了变厚度轧制时轧辊上下移动的影响，利用能量法研究了变厚度轧制过程，总结如下：

（1）根据轧制变形区金属质量守恒条件构建了变厚度轧制时的速度场，采用 MY 线性屈服准则、中值定理和共线矢量内积的方法得到变形区的总功率泛函、轧制力矩和轧制力的解析解。

（2）利用某中厚板生产线的 MAS 轧制过程的实测数据和其他研究者的冷轧差厚板实验对本章模型进行验证，得到的预报精度良好。

（3）基于本章模型研究了变厚度轧制时板坯入口位置与中性面位置的变化规律，增厚轧制时板坯入口位置与中性面位置逐渐减小，减薄轧制时板坯入口位置与中性面位置逐渐增加，且增厚轧制时中性面相对位置向变形区入口侧移动，减薄轧制时中性面向变形区出口侧移动。

（4）分析了前后张力对变厚度轧制时轧制力以及中性角的影响。当前后张力增加时，轧制力减小，且后张力对轧制力的影响比前张力明显。当前张力增加或者后张力减小时，中性角逐渐增大，中性面向变形区入口侧移动。

（5）利用本模型分析了摩擦因子对变厚度轧制时轧制力和中性角的影响。当摩擦因子增加时轧制力增加，且摩擦因子对减薄轧制的影响大于增厚轧制。摩擦因子与中性角成正比，且压下率越大，摩擦因子对中性角的影响越明显。

参 考 文 献

［1］Meyer A, Wietbrock B, Hirt G. Increasing of the drawing depth using tailor rolled blanks-numerical and experimental analysis ［J］. International Journal of Machine Tools and Manufacture, 2008, 48 (5): 522-531.

［2］孙一康. 冷热轧板带轧机的模型与控制 ［M］. 北京：冶金工业出版社, 2010: 49-89.

［3］Kawabata F, Matsui K, Obinata T, et al. Steel plates for bridge use and their application technologies ［J］. JFE Technical Report, 2004, 2: 85-90.

［4］杜平, 胡贤磊, 王君, 等. 纵向变截面轧制过程中的轧制参数 ［J］. 钢铁研究学报, 2008, 20 (12): 26-30.

［5］王军生, 矫志杰, 赵启林, 等. 冷连轧动态变规格辊缝动态设定原理与应用 ［J］. 钢铁, 2001, 36 (10): 39-42.

［6］Liu X H. Prospects for variable gauge rolling: Technology, theory and application ［J］. Journal of Iron and Steel Research International, 2011, 18 (1): 1-7.

［7］ Liu X H，Fang Z，Wu Z Q. Theory and application of gauge changeable rolling for TRB ［C］//
　　　Proceedings of the 10th International Conference on Steel Rolling，Beijing：Metallurgical
　　　Industry Press，2009：15-17.

［8］ 刘相华，吴志强，支颖，等. 差厚板轧制技术及其在汽车制造中的应用 ［J］. 汽车工艺
　　　与材料，2011，23（1）：30-34.

［9］ 张广基. 冷轧纵向变厚度板轧制理论及实验研究 ［D］. 沈阳：东北大学，2011.